工业和信息化职业教育
"十二五"规划教材立项项目

中等职业教育
改革发展示范学校创新教材

液压与
气动控制（下册）

Pneumatic Control

◎ 陈淑玲 主编
◎ 吴伟烈 聂永增 副主编
◎ 肖建章 王晋波 主审

人民邮电出版社
北京

精品系列

图书在版编目（CIP）数据

液压与气动控制. 下册 / 陈淑玲主编. -- 北京：
人民邮电出版社，2016.7
中等职业教育改革发展示范学校创新教材
ISBN 978-7-115-36862-1

Ⅰ. ①液… Ⅱ. ①陈… Ⅲ. ①机电设备－液压传动－
控制系统－中等专业学校－教材②机电设备－气压传动－
控制系统－中等专业学校－教材 Ⅳ. ①TH137②TH138

中国版本图书馆CIP数据核字(2014)第204835号

内 容 提 要

《液压与气动控制》是国家中等职业教育改革发展示范学校建设的成果教材。全书分为上、下两册，共24个任务。上册主要介绍液压控制，下册主要介绍气动控制，其中，上册有13个任务，下册有11个任务。每个任务主要由情景描述、任务实施、相关知识、任务考核、知识拓展五部分组成。

本书是下册，主要介绍了气动能量转换元件（气动控制入门、气动执行元件的装调）、气动回路的装调（气动回路来源于企业典型气动装置）、气动回路分析与维护等内容，针对气动控制阀与气动回路均作了同步介绍。

本书可作为中等职业院校数控设备应用与维修类、模具设计与制造类、机械制造及自动化类、机电一体化等专业的教学用书，也可作为有关工程技术人员、气动设备操作人员的参考、学习、培训用书。

◆ 主　　编　陈淑玲
　　副 主 编　吴伟烈　聂永增
　　主　　审　肖建章　王晋波
　　责任编辑　刘盛平
　　执行编辑　刘　佳
　　责任印制　焦志炜

◆ 人民邮电出版社出版发行　　北京市丰台区成寿寺路 11 号
　　邮编　100164　　电子邮件　315@ptpress.com.cn
　　网址　http://www.ptpress.com.cn
　　三河市海波印务有限公司印刷

◆ 开本：787×1092　1/16
　　印张：8　　　　　　　　　　　2016 年 7 月第 1 版
　　字数：177 千字　　　　　　　2016 年 7 月河北第 1 次印刷

定价：22.00 元
读者服务热线：(010) 81055256　印装质量热线：(010) 81055316
反盗版热线：(010) 81055315

前言

　　气动控制是机械行业工程技术人员必须具备的一种自动化技术，也是职业院校机械学科及相近学科的一门专业（技术）基础课，"气动控制"课程的任务是使学生熟悉并掌握各类气动元件的工作原理、结构特点、安装使用，以及各种气动基本回路的功用、组成和应用场合，从而具备安装、调试、使用、改进气动设备的技能。

　　与现有的气动控制教材相比，本书针对职业技术教育的特点，在编写过程中，以工作任务为导向，组织教学内容，形成了以下特色：

　　（1）充分考虑中、高职职业教育学校的培养目标和学生的学习特色。在教学内容的设计上，注重理论联系实际，在内容的取舍上以必须、够用为度，少而精，详见每个学习任务的"相关知识"。

　　（2）将气动元件放在液压基本回路中介绍。这样，既减少了课内学时，又加深了学生对气动元件理解和应用。

　　（3）为培养学生实际应用能力和实践动手能力，每个学习任务都是以"任务实施"为核心。每任务专门设置了元件与系统的安装、调试，有利于培养学生使用、维护气动设备的技能。

　　（4）为了指导学生学习，每学习任务开篇列出了本任务的学习目标、学时、工作流程、所需器材；为方便学生由上任务过度到下任务，各任务都设计了"课前导读"；为了体现学生的主导作用，各任务设计的"任务考核"中既有教师评价，也有学生自评、小组评价等。

　　本教材共分为 3 个典型模块，11 个工作任务分别是：气动能量转换元件（气动控制入门、气动执行元件的装调）、气动回路的装调（气动回路来源于企业典型气动装置）、气动回路分析与维护等。

　　本教材的参考学时为 44 学时，建议采用理论实践一体化教学模式，各项目的参考学时见下面的学时分配表。

学时分配表

任务编号	任务名称	学　时
任务 14	气动控制入门	4
任务 15	气压执行元件的装调	4
任务 16	送料装置气动回路的装调	4
任务 17	分料装置气动回路的装调	4

续表

任务编号	任务名称	学　时
任务 18	压装装置气动回路的装调（一）	4
任务 19	压装装置气动回路的装调（二）	4
任务 20	压装装置气动回路的装调（三）	4
任务 21	选料装置气动回路的装调	4
任务 22	检测装置气动回路的装调	4
任务 23	颜料调色振动机气动系统分析	4
任务 24	压印装置控制系统维护与故障诊断	4
课时总计		44

　　本教材由陈淑玲主编；吴伟烈、聂永增副主编；黎宴林、王增娣、刘晓娴参编。具体编写分工如下：陈淑玲编写任务 14～16；吴伟烈编写任务 18、19；聂永增编写任务 20、21；黎宴林编写任务 17；王增娣、刘晓娴共同编写任务 23、24；全书由陈淑玲负责组稿和定稿。本书由广东省技师学院肖建章、王晋波主审，对内容取舍提出了许多建设性意见，在此一并致谢。

　　由于编者水平所限，本书难免有缺点和错误，诚请读者批评指正。

编　者

2016 年 2 月

目录

下册　气动控制

典型任务五　气动能量转换元件

典型任务六　典型气动回路的装调

典型任务七　典型气动回路分析与维护

下册 气动控制

典型任务五
气动能量转换元件

任务14 气动控制入门

◆ **本任务学习目标**

1. 了解气动系统的应用范围。

2. 掌握气源装置。

3. 掌握空气压缩机的结构、工作原理和分类。

4. 掌握气动控制的结构特点。

5. 掌握气源调节装置。

◆ **本任务建议课时**

4学时

◆ **本任务工作流程**

1. 导入新课。

2. 检查讲评学生完成导读工作页的情况。

3. 对照空气压缩机实物，进行元件识别。

4. 组织学生学习气动回路工作原理并按回路图连接实物实验。

5. 巡回指导学生实习。

6. 结合气动应用影像资料，进行理论讲解。

7. 组织学生"拓展问题"讨论。

8. 本任务学习测试。

9. 测试结束后，组织学生填写活动评价表。

10. 小结学生学习情况。

◆ **本任务所需器材**

1. 设备：电气气动试验台。

2. 气动元件：气动三联件、5/2气控换向阀、3/2手动换向阀。

3. 气动辅件：压力表（1只）、气管（6根）。

课前导读

阅读教材，查询资料，完成表14-1中的内容。

表 14-1　　　　　　　　　　　　　　　　　　课前导读 14

序号	预习内容
01	气动技术可使气动执行组件依工作需要做_____运动、_____和_____运动
02	气动系统的工作介质是_____。压缩空气的用途极其广泛，从用低压空气来测量人体眼球内部的液体压力、气动机械手焊接到气动压力机和使混凝土粉碎的气钻等，几乎遍及各个领域
03	空气压缩站（简称空压站）是为气动设备提供压缩空气的_____装置，是气动系统的重要组成部分。对于一个气动系统来说，一般规定：若排气量_____时，则应独立设置空气压缩站；若排气量_____时，则将_____直接安装在主机旁
04	空气压缩机是_____的核心装置，它的作用是将电动机输出的_____转换成压缩空气的_____供给气动系统使用
05	空压机（空气压缩机的简称）按压力大小可分为低压型、中压型和高压型，那么，中压型空压机的压力范围是多少	0.2～1.0MPa □　　　1.0～10.0MPa □ > 10.0MPa □
06	空气压缩机（简称空压机）在选用时的依据是工作可靠性、经济性与安全性。可从以下几个方面考虑：①排气压力的_____和_____的大小；②用气的场合和条件；③压缩空气的_____；④运行的_____
07	空气压缩机应根据气动系统所需的_____和_____来选取。一般气动系统的工作压力为_____。考虑到系统的泄露和气动系统可能增加安装新的气动设备的要求，空压机的供气量应比系统设备的最大耗气量_____

情景描述

数控铣床加工时常用气动平口钳作为夹紧装置，这样可以提高加工效率，减轻工人的劳动强度。气动平口钳是通过气动系统来控制的。本任务要求通过气动平口钳来认识气动系统的组成及其各组成部分的作用。

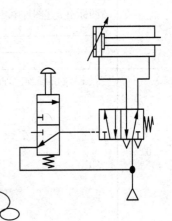

任务实施

任务实施一 了解气动技术

（1）气动技术相对液压传动的优势在哪里？

答：气动技术是"数控专业"的重要实训内容。气动系统对_____环境的适应性及控制方式的灵活多样性，使得气动技术在需要_____、_____的场合，在各种自动化的工业生产中得到广泛应用。

（2）请将正确答案填在空白处。

气动技术可使气动执行组件依工作需要做_____运动和摆动运动。气动系统的工作介质是_____。压缩空气的用途极其广泛，从用低压空气来测量人体眼球内部的液体压力、气动机械手焊接到气动压力机和使混凝土粉碎的气钻等，几乎遍及各个领域。

任务实施二 探究空气压缩机的结构与工作原理

请完成表14-2空白处的内容。

表14-2 空气压缩机的相关任务

序号	相关任务
01	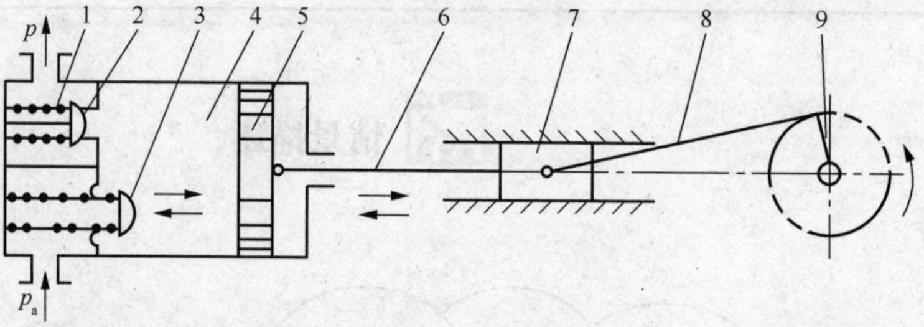 看图标出上述图片中各元件的名称　1_____、2_____、 3_____、4_____、5_____、6_____、 7_____、8_____、9_____
02	空气压缩机的工作原理：

任务实施三　探究气源调节装置

请完成表 14-3 空白处的内容。

表 14-3　　　　　　　　　　　　　　气源调节装置的相关任务

序号	相关任务
01	气动三联件一般由＿＿＿＿＿＿＿＿、＿＿＿＿＿＿＿、＿＿＿＿＿＿＿＿组成。
02	哪个是气动三联件的简化符号 　　　　　　　　　　　□　　　□
03	压力表　　1 2 3 4　　　　1:＿＿＿＿＿　2:＿＿＿＿＿　3:＿＿＿＿＿　4:＿＿＿＿＿

任务实施四　气动平口钳气动回路的装调

根据情景引入的气动原理简图完成试验：①准备气动元件，如表 14-4 所示；②用气管组建气动回路（见表 14-5）；③调试气动回路。

表 14-4　　　　　　　　　　　　　　气动回路的基本元件

序号	名称	图形符号	本次实验元器件	备注
01	气动三联件			气源调节元件
02	5/2 单气控换向阀			控制气缸换向
03	3/2 手动换向阀			控制 5/2 单气控换向阀的气动进气情况

续表

序号	名称	图形符号	本次实验元器件	备注
04	压力表		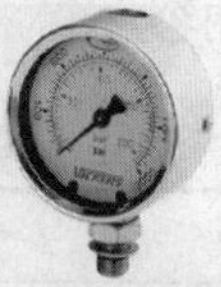	检测压力
05	气管			6根

表 14-5　　　　　　　　　　　实施实验

实验过程

序号	说明	实验参考图	备注
01	放置元器件		元件选用了单杆活塞式气缸、二位五通单气控换向阀、二位三通手动换向阀、气动三联件等
02	连接完的回路	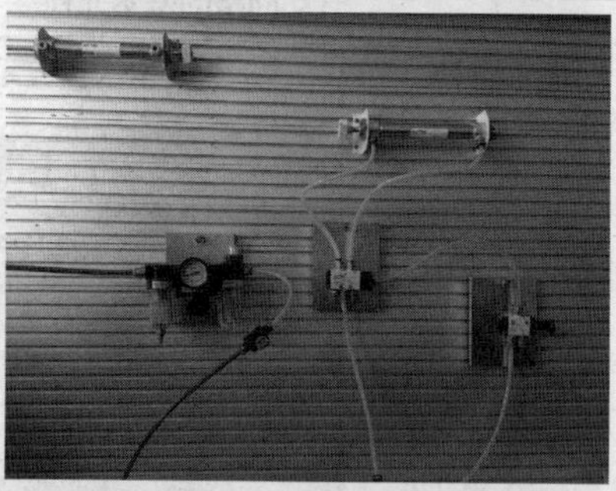	连接完毕，手动换向阀用来控制气控换向阀是否得气动作，二位五通气控换向阀用来控制气缸动作
03	气缸伸出图	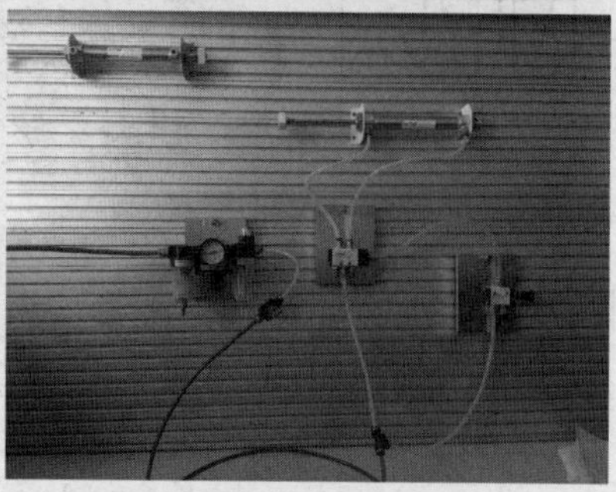	拔出手控换向阀开关，气缸伸出；推进手控换向阀开关，气缸缩回

 **任务考核**

请对照任务考核表（见表 14-6）评价完成任务结果。

表 14-6　　　　　　　　　　学习任务考核表

课程名称		液压传动与气动控制			学习任务		气动控制入门	
学生姓名					工作小组			
评分内容		分值	自我评分	小组评分	教师评分	得分	原因分析	
任务质量	简述气动系统的组成	5						
	简述压缩空气站的组成及各组成部分的作用	10						
	简述气源调节装置的组成及各组成部分的作用、如何使用	15						
	气动系统的优缺点	10						
	依据气动原理图正确选用气动元件	10						
	依据气动原理图正确连接气动回路	10						
	团结协作	10						
	劳动态度	10						
	安全意识	20						
权　重			20%	30%	50%			
总体评价	个人评语：							
	教师评语：							

 **相关知识**

相关知识一　气动技术的应用范围

气动技术是"数控专业"的重要实训内容。气动系统对恶劣环境的适应性及控制方式的灵活多样性，使得气动技术在需要防火、防静电的场合，以及在各种自动化的工业生产中得到了广泛的应用。

在日常工作和生活中经常见到各种机器，如汽车、电梯、机床等通常都是由原动机、传动装置和工作机构三部分组成。其中，传动装置最常见的类型有机械传动、电力传动和流体传动。流体传动是以受压的流体为工作介质对能量进行转换、传递、控制和分配的。它可以分为利用气体压力能的气压传动、利用液体压力能的液压传动和利用液体动能的液力传动。

气压传动技术简称"气动技术"，是一门涉及压缩空气的现象及流动规律的科学技术。气动技术不仅被用于完成简单的机械动作，还在促进自动化的发展中起着极为重要的作用。

气动技术不仅被用于做功，而且已发展到检测和数据处理等多个领域。伴随着微电子技术、传感器技术、通信技术和自动控制技术的发展，以及各种气动组件的性价比进一步提高，气动技术也在不断创新，气动控制系统的先进性与复杂性进一步发展，在自动控制领域起着越来越重要的作用。

气动技术可使气动执行组件依工作需要做直线运动、摆动和旋转运动。气动系统的工作介质是压缩空气。压缩空气的用途极其广泛，从用低压空气来测量人体眼球内部的液体压力、气动机械手焊接到气动压力机和使混凝土粉碎的气钻等，几乎遍及各个领域。在工业中的典型应用如表 14-7 所示。

表 14-7　　　　　　　　　　　气压传动在各工业领域中的应用

工业领域	应用
机械工业	自动生产线、各类机床、工业机械手和机器人、零件加工及检测装置
轻工业	气动上下料装置、食品包装生产线、气动罐装装置、制革生产线
化工	化工原料输送装置、石油钻采装置、射流负压采样器等
冶金工业	冷轧、热轧装置气动系统、金属冶炼装置气动系统、水压机气动系统
电子工业	印刷电路板生产线、家用电器生产线、显像管转运机械手气动装置

相关知识二　气源装置

空气压缩站（简称空压站）是为气动设备提供压缩空气的动力源装置，是气动系统的重要组成部分。对于一个气动系统来说，一般规定：若排气量 ≥6～12m³/min 时，则应独立设置空气压缩站；若排气量 ≤6m³/min 时，则将压缩机（气泵）直接安装在主机旁。

对于一般的空压站，除空气压缩机外，还必须设置过滤器、后冷却器、油水分离器和储气罐等装置。空压站的布局根据对压缩空气的不同要求，可以有多种不同的形式，如图 14-1 和图 14-2 所示。

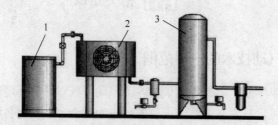

图 14-1　压缩空气质量要求一般的空压站
1—空压机　2—后冷却器　3—储气罐

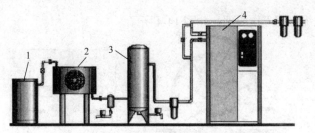

图 14-2 压缩空气质量要求严格的空压站
1—空压机 2—后冷却器 3—储气罐 4—空气干燥器

相关知识三 空气压缩机

空气压缩机是空压站的核心装置，它的作用是将电动机输出的机械能转换成压缩空气的压力能供给气动系统使用。

1. 分类

空压机（空气压缩机的简称）按压力大小可分为低压型（0.2～1.0MPa）、中压型（1.0～10.0MPa）和高压型（＞10.0MPa）。

按工作原理分类：

$$
容积型
\begin{cases}
往复式
\begin{cases}
活塞式 \\
膜片式
\end{cases} \\
回转式
\begin{cases}
滑片式 \\
螺杆式 \\
转子式
\end{cases}
\end{cases}
\qquad
速度型
\begin{cases}
轴流式 \\
离心式 \\
转子式
\end{cases}
$$

容积型空气压缩机如图 14-3 所示。

（a）活塞式空压机结构图

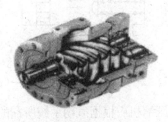

（b）螺杆式空压机结构图

（c）活塞式空压机实物图

（d）螺杆式空压机实物图

图 14-3 容积型空气压缩机

速度型空气压缩机的工作原理，如图 14-4 所示。

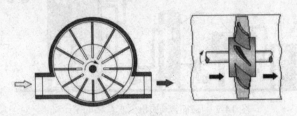

（a）离心式空压机　　　（b）轴流式空压机

图 14-4　速度型空气压缩机工作原理

2. 工作原理

气动系统中最常用的是往复活塞式空压机，其工作原理如图 14-5 所示。当活塞向右移动时，气缸左腔的压力低于大气压力 P_0，进气阀打开，空气在大气压力作用下进入气缸左腔，此过程称为进气过程；当活塞向左移动时，进气阀在气缸左腔内压缩气体的作用下关闭，气缸左腔内气体被压缩，此过程称为压缩过程。当气缸左腔内气压力增高到略大于输出管路内气压力 P 后，排气阀打开，压缩空气排入输气管道，此过程称为排气过程。活塞的往复运动是由电动机（或内燃机）带动曲柄转动，通过连杆、滑块、活塞杆转化成直线往复运动而产生的。图 14-5 所示为一个气缸、一个活塞的工作情况，大多数空压机是多缸、多活塞的组合。

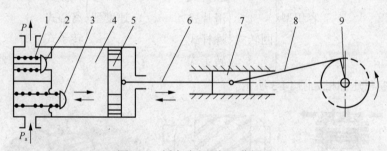

图 14-5　活塞式空压机工作原理

1—弹簧　2—排气阀　3—进气阀　4—气缸　5—活塞　6—活塞杆　7—滑块　8—连杆　9—曲柄

空气压缩机应根据气动系统所需的工作压力和流量来选取。一般气动系统的工作压力为 0.4~0.8MPa。考虑到系统的泄露和气动系统可能增加安装新的气动设备的要求，空压机的供气量应比系统设备的最大耗气量大一些。

3. 空气压缩机的选用

空气压缩机（简称空压机）在选用时的依据是工作可靠性、经济性与安全性。可从以下几个方面考虑。

（1）排气压力的高低和排气量的大小。

根据国标，一般用途的空气压缩机其排气压力为 0.7MPa，旧标准为 0.8MPa。如果用户所用的压缩机排气压力大于 0.8MPa，一般要特别制作，不能采取强行增压的办法，以免造成事故。

排气量的大小也是空气压缩机的主要参数之一。选择空压机的排气量要和自己所需的排气量相匹配，并留有 10%左右的余量。另外，在选择排气量时，还要考虑高峰用量和通常用量及低谷用量。如果低谷用量较大而通常用量和高峰用量都不大时，通常的办法是以较小排气量的空压机并联，取较大的排气量。随着用气量的增大，而逐一开机，这样不但对电网有好处，而且能节约能源，并有备机，不会因一台机器的故障而造成全线停产。

（2）用气的场合和条件。

用气的场合和环境也是选择压缩机形式的重要因素。如果用气场地狭小，应选立式空压机，如船用、车用；如果用气的场合需要长距离的变动（超过 500m），则应考虑移动式；如果使用的场合不能供电，则应选择柴油机驱动式；如果使用场合没有自来水，就必须选择风冷式。

（3）压缩空气的质量。

一般空压机产生的压缩空气均含有一定量的润滑油，并有一定量的水，但有些场合是禁油禁水的，这时对压缩机选型要注意，必要时应增加附属装置。解决的办法大致有以下两种：一是选用无油润滑的压缩机，这种压缩机气缸中基本上不含油，其活塞环和填料一般为聚四氟乙烯。这种机器也有其缺点，首先是润滑不良，故障率高；另外，聚四氟乙烯也是一种有害物质，像食品、制药行业也不能使用，且无润滑压缩机只能做到输气不含油，不能做到不含水。二是采用油润滑空压机，再进行净化。通常的做法是无论哪种空压机，都要再加一级（或二级）净化装置或干燥器。这种装置可使压缩机输出的空气既不含油又不含水，使压缩空气中的含油含水量在 5ppm（1ppm=10^{-6}）以下，以满足工艺要求。

（4）运行的安全性。

空压机是一种带压工作的设备，工作时伴有温升和压力，其运行的安全性要放在首位。空压机在设计时，除安全阀之外，还必须设有压力调节器，实行超压卸荷双保险。如果只有安全阀而没有压力调节阀，那么不但会影响机器的安全系数，还会使运行的经济性降低。

国家对压缩机的生产实行了规范化的两证制度，即压缩机生产许可证和压力容器生产许可证（储气罐）。因此在选购压缩机产品时，还要严格审查两证。

相关知识四　气源调节装置

从空气压缩机输出的压缩空气并不能完全满足气动元件对气源质量的要求。通常在气动系统前面安装气源调节装置。由空气过滤器、减压阀、油雾器（顺序不能打乱）组合在一起构成气源调节装置，通常被称为气动三联件，是气动系统中必不可少的辅助装置。

气源调节装置的职能符号，如图 14-6 所示。

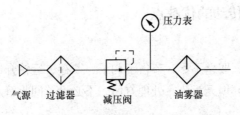

图 14-6　气源调节装置的职能符号

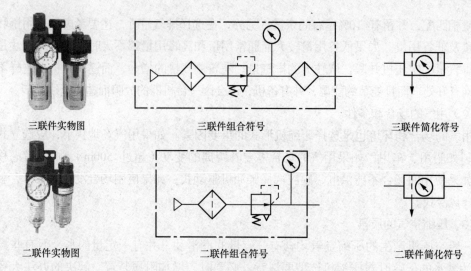

三联件实物图　　　　三联件组合符号　　　　三联件简化符号

二联件实物图　　　　二联件组合符号　　　　二联件简化符号

图 14-6　气源调节装置的职能符号（续）

相关知识五　气源控制结构

气动控制关系图，如图 14-7 所示。

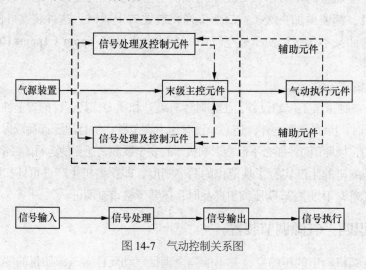

图 14-7　气动控制关系图

知识拓展

知识拓展　气压传动的优缺点

1. 气压传动的优点

（1）空气随处可取，取之不尽，节省了购买、贮存、运输介质的费用和麻烦；用后的空气直接排入大气，对环境无污染，处理方便，不必设置回收管路，因而也不存在介质变质、补充和更换等问题。

（2）因空气黏度小（约为液压油的万分之一），在管内流动阻力小、压力损失小，便于集中供气和远距离输送。即使有泄漏，也不会像液压油一样污染环境。

（3）与液压相比，气动反应快、动作迅速、维护简单、管路不易堵塞。

（4）气动元件结构简单，制造容易，适于标准化、系列化、通用化。

（5）气动系统对工作环境适应性好，特别在易燃、易爆、多尘埃、强磁、辐射、振动等恶劣工作环境中工作时，安全可靠性优于液压、电子和电气系统。

（6）空气具有可压缩性，使气动系统能够实现过载自动保护，也便于贮气与贮存能量，以备急需时用。

（7）排气时气体因膨胀而温度降低，因而气动设备可以自动降温，长期运行也不会发生过热现象。

2. 气压传动的缺点

（1）空气具有可压缩性，当载荷变化时，气动系统的动作稳定性差，但可以采用气液联动装置解决此问题。

（2）工作压力较低（一般为 0.4～0.8MPa），又因结构尺寸不宜过大，因而输出功率较小。

（3）气动信号传递的速度比光速度及电子速度慢，故不宜用于要求高传递速度的复杂回路中，但对一般机械设备，气动信号的传递速度是能够满足要求的。

（4）排气噪声大，需加消声器。

任务15 装调气动执行元件

◆ **本任务学习目标**

1. 掌握普通气缸的结构和工作原理。

2. 了解气动执行元件的类型。

3. 会合理选择气缸。

◆ **本任务建议课时**

4学时

◆ **本任务工作流程**

1. 导入新课。

2. 检查讲评学生完成导读工作页的情况。

3. 对照气缸实物，进行识别作业示范。

4. 学生气缸识别作业实习。

5. 巡回指导学生实习。

6. 结合解剖气缸实物及动画资料，进行理论讲解。

7. 学生"拓展问题"讨论。

8. 本任务学习测试。

9. 测试结束后，学生填写活动评价表。

10. 小结学生学习情况。

◆ **本任务所需器材**

1. 设备：电气气动试验台。

2. 气动元件：气缸。

课前导读

请完成表15-1中的内容。

表15-1   课前导读

序号	实施内容	答案选择		
01	气动系统常用的执行元件是什么	气缸□	气压马达□	气泵□
02	气缸中的受力元件是什么	活塞□	缸筒□	活塞杆□

序号	实施内容	答案选择		
03	摆动气缸的实物图是哪个	□		□
04	摆动气缸可分为什么	叶片式□		齿轮齿条式□
05	气缸按结构可分为什么	非活塞式□	活塞式□	固定式□
06	齿轮齿条式摆动气缸体积较大	对□		错□
07	单作用气缸比双作用气缸的行程长	对□		错□
08	单杆活塞气缸的图形符号是哪个	□		□
09	气缸用于实现直线往复运动，输出（　）和直线位移	力□	直线位移□	角位移□
10	气压马达用于实现连续回转运动，输出（　）和角位移	力矩□	直线位移□	角位移□
11	可调缓冲式气缸的图形符号是哪个	□		□
12	宽开度型气爪的实物图是哪个	□		□
13	叶片式气压马达制造简单，结构紧凑，但低速运动转矩小，低速性能不好，适用于中、低功率的机械	对□		错□

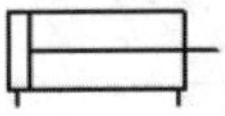

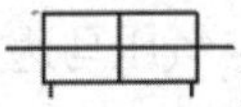

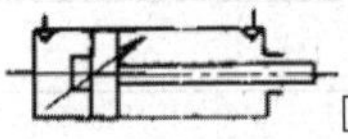

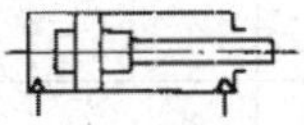

📊 **情景描述**

如右图所示的气动冲床一般用于完成小型制件的冲裁加工。如果气源装置提供的压缩空气的压力为 0.7MPa，该冲床所能输出的最大输出力为 0.8Tf，最大有效行程为 300mm，它的主要作用是什么？通过了解下面的知识就知道了。

气缸

任务实施

任务实施一　了解气动执行元件

（1）气动执行元件包括哪些？

答：气动执行元件包括_____和_____。

（2）气缸的作用是什么？

答：气缸主要输出_____和_____。

（3）气压马达的作用是什么？

答：气压马达主要输出_____和_____。

任务实施二　探究气缸的种类

请完成表 15-2 空白处的内容。

表 15-2　　　　　　　　　　气缸相关任务

	气缸	
功用		
类型		
实物图		

任务实施三　探究气缸的结构与工作原理

请完成表 15-3 空白处的内容。

表 15-3　　　　　　　　　　气缸相关任务

	气缸
结构原理图	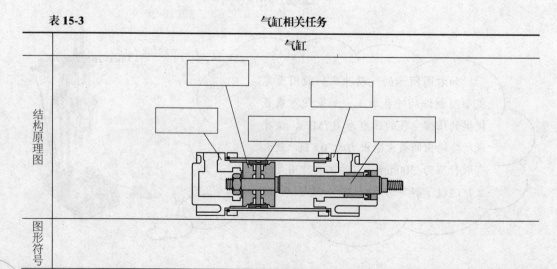
图形符号	

气缸	
特点	当压缩空气进入气缸的_____，压缩空气的压力作用于活塞上，当能克服活塞杆上的所有负载时，活塞推动活塞杆_____伸出，活塞杆对外做功；反之，活塞杆_____，完成一个往复运动

任务实施四　探究气压马达的结构与工作原理

请完成表15-4空白处的内容。

表15-4 气压马达的结构

气缸	
工作原理	当压缩空气从进口 A 进入气室后立即喷向叶片1，作用在叶片的外伸部分，产生转矩带动_____作逆时针转动，输出_____，废气从排气口 C 排出，残余气体则经小口 B 排出（二次排气）；若进、排气口互换，则转子_____，输出_____方向的旋转机械能
结构原理图	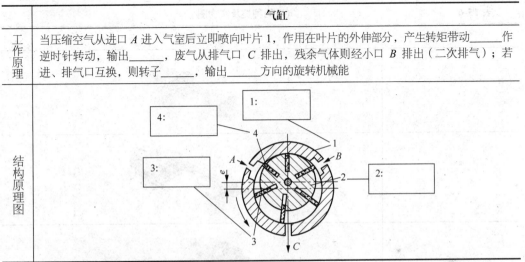

任务实施五　探究摆动气缸的结构与工作原理

下面以齿轮齿条式摆动气缸为例，请完成表15-5空白处的内容。

表15-5 摆动气缸的结构

摆动气缸	
结构原理图	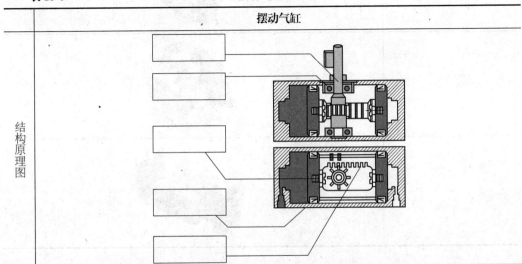

续表

摆动气缸

特点	体积较_____，质量较_____，输出力矩较_____，摆动角度较_____，泄漏较_____，设置缓冲装置装置_____

任务实施六　探究气爪的种类

请完成表 15-6 空白处的内容。

表 15-6　　　　　　　　　　　　　　气爪的种类及实物图

气爪类型	实物图

任务考核

请对照任务考核表（见表15-7）评价完成任务结果。

表15-7 　　　　　　　　　　　　　　　任务考核

课程名称	液压与气动控制			任务名称		装调气动执行元件	
学生姓名				工作小组			
评分内容		分值	自我评分	小组评分	教师评分	得分	原因分析
任务质量	简述气压执行元件的种类	10					
	简述气缸的功用和种类	10					
	正确识读气缸的结构原理图	10					
	正确识读气压马达的结构原理图	10					
	正确识读摆动气缸的结构原理图	10					
	简述气爪的种类	10					
团结协作		10					
劳动态度		10					
安全意识		20					
权重			20%	30%	50%		
总体评价	个人评语：						
	教师评语：						

相关知识

相关知识一　识别各种气动执行元件

气动系统常用的执行元件为气缸和气压马达。气缸用于实现直线往复运动，输出力和直线位移。气压马达用于实现连续回转运动，输出力矩和角位移。如图15-1所示为一些常见气缸及气压马达的实物图。

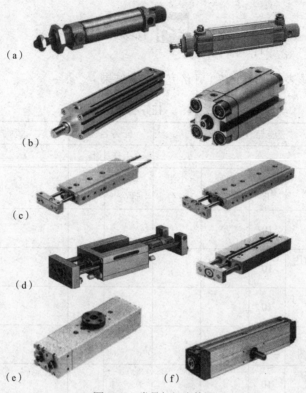

图15-1　常见气缸实物图

（a）单作用气缸实物图　（b）双作用气缸实物图　（c）双活塞缸气缸实物图　（d）导向气缸实物图
（e）单叶片摆动气缸　　（f）齿轮齿条摆动气缸

相关知识二　了解气缸的功用和分类

1. 气缸的功用

气缸的功用主要是将压缩空气的压力能转换为机械能，驱动机构作直线往复运动、摆动和旋转运动。

2. 气缸的分类

常用的气缸按其结构形式可分为单作用式和双作用式两种，如表15-8所示。

表15-8　　　　　　　　　　　　　　常用气缸的类型、结构及功能

类别	名称	简图	原理及功能
单作用气缸	活塞式气缸		压缩空气驱动活塞向一个方向运动，借助外力复位可以节约压缩空气，节省能源
			压缩空气驱动活塞向一个方向运动，靠弹簧力复位，输出推力随行程而变化，适用于短行程

类别	名称	简图	原理及功能
单作用气缸	薄膜式气缸	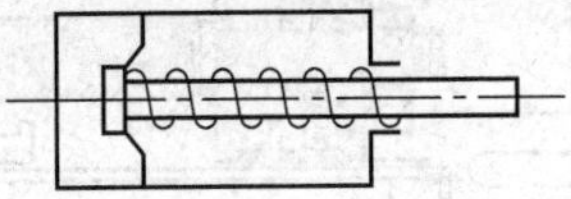	压缩空气作用在膜片上，使活塞杆向一个方向运动，靠弹簧复位，密封性好，适用于短行程
	柱塞式气缸		柱塞向一个方向运动，靠外力返回，稳定性较好，用于短直径气缸
双作用气缸	普通式气缸	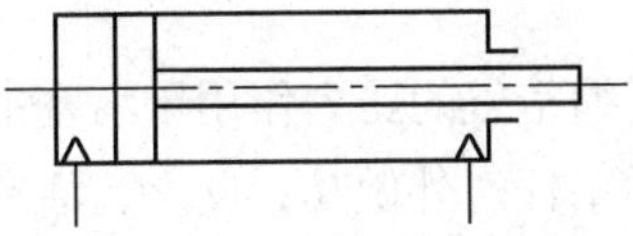	利用压缩空气使活塞向两个方向运动，两个方向输出的力和速度不等
	双出杆气缸	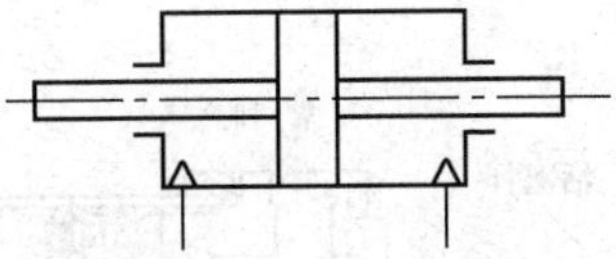	活塞两个方向运动的速度和输出力均相当，适用于长行程
	不可调缓冲式气缸	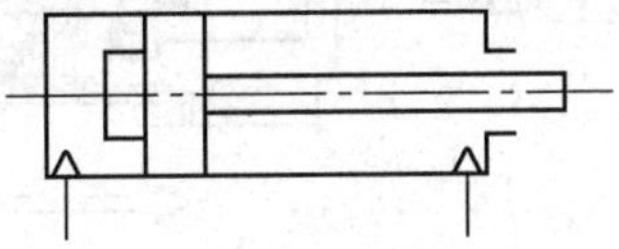 (a) 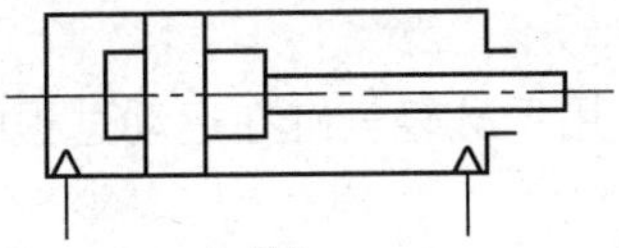 (b)	活塞临近行程终点时，减速制动，减速值不可调整。（a）为单向缓冲，（b）为双向缓冲
	可调缓冲式气缸	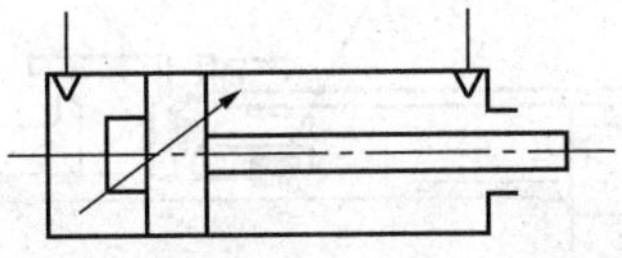 (a) 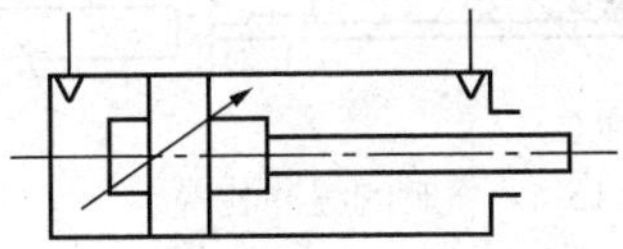 (b)	活塞临近行程终点时，减速制动，可根据需要调整减速值。（a）为单向缓冲，（b）为双向缓冲

相关知识三　探究气缸的结构和工作原理

1. 气缸的结构

气缸主要由活塞杆、活塞、前缸盖、后缸盖、密封圈及缸筒等组成，如图 15-2 所示。

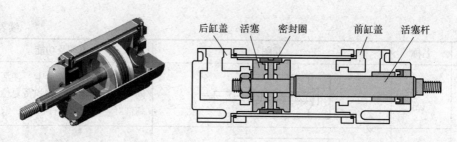

后缸盖　活塞　密封圈　　前缸盖　活塞杆

（a）气缸实物图　　　　　　　　（b）气缸结构原理图

图 15-2　气缸实物图及结构原理图

2. 气缸的工作原理

当压缩空气进入气缸的无杆腔，压缩空气的压力作用于活塞上，当能克服活塞杆上的所有负载时，活塞推动活塞杆伸出，活塞杆对外做功；反之，活塞杆收回，完成一个往复运动，如图 15-3 所示。

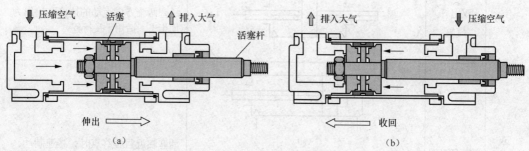

↓压缩空气　活塞　　↑排入大气　　　　　↑排入大气　　　　↓压缩空气
　　　　　　　　　　　　　　活塞杆

伸出　　　　　　　　　　　　　　　　收回

（a）　　　　　　　　　　　　　　　　　　　（b）

图 15-3　气缸的工作原理图

3. 气缸的缓冲装置

气缸的缓冲装置主要是缓冲套，用于减轻气缸在运动过程中所受的冲击，如图 15-4 所示。

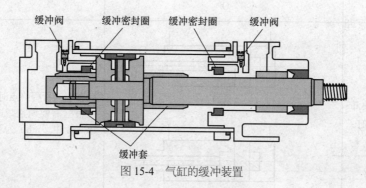

缓冲阀　　缓冲密封圈　　缓冲密封圈　　缓冲阀

缓冲套

图 15-4　气缸的缓冲装置

相关知识四　探究气压马达

1. 气压马达的作用与结构类型

气压马达也是气动执行元件的一种。它的作用相当于电动机或液压马达，即输出力矩，拖动机构做旋转运动。

按结构形式，气压马达可分为叶片式气压马达、活塞式气压马达和齿轮式气压马达等。最常见的是叶片式气压马达和活塞式气压马达。叶片式气压马达制造简单、结构紧凑，但低速运动转矩小、低速性能不好，适用于中、低功率的机械，目前在矿山及风动工具中应用普遍。活塞式气压马达在低速情况下有较大的输出功率，它的低速性能好，适宜于载荷较大和要求低速转矩的机械，如起重机、绞车、绞盘、拉管机等。

2. 气压马达的工作原理

气压马达的工作原理与同类液压马达的工作原理很相似。图 15-5 所示为双向旋转叶片式气压马达的工作原理图。当压缩空气从进口进入气室后立即喷向叶片，作用在叶片的外伸部分，产生转矩带动转子做逆时针转动，输出旋转机械能，废气从排气口排出，残余气体则经小口排出（二次排气）；若进、排气口互换，则转子反转，输出相反方向的旋转机械能。转子转动的离心力和叶片底部的气压力、弹簧力（图中未示出）使得叶片紧密地抵在定子的内壁上，以保证密封，提高容积效率。

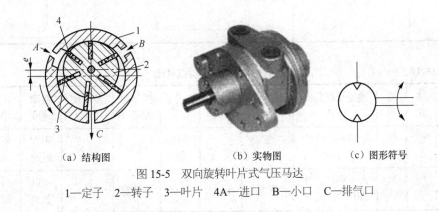

(a) 结构图　　　　　(b) 实物图　　　　　(c) 图形符号

图 15-5　双向旋转叶片式气压马达

1—定子　2—转子　3—叶片　4A—进口　B—小口　C—排气口

相关知识五　认识摆动气缸

1. 工作原理

摆动气缸是利用压缩空气驱动输出轴在一定角度范围内做往复回转运动的气动执行元件。用于物体的转位、翻转、分类、夹紧，阀门的开闭，以及机器人的手臂动作等。

2. 气缸类型

摆动气缸可分为叶片式和齿轮齿条式，两者比较如表 15-9 和表 15-10 所示。

表 15-9　　　　　　　　　　　　　　两种气缸的比较

摆动气缸	实物图	结构图		优点
叶片式			270°	体积小、质量轻；摆角可调节

续表

摆动气缸	实物图	结构图	优点
齿轮齿条式		输出轴 轴承 活塞 活塞密封件 齿条组件	输出扭矩大； 摆角范围大， 且摆角可调节

表 15-10　　　　　　　　　　两种摆动缸特点对比

品种	体积	质量	改变摆动角的方法	设置缓冲装置	输出力矩	泄露	摆动角度范围	最低使用压力	摆动速度	用于中途停止状态
叶片式	较小	较小	调节止动块的位置	内部设置困难	较小	有微漏	较窄	较大	不宜低速	不宜长时间使用
齿轮齿条	较大	较大	改变内部或外部挡块的位置	容易	较大	很小	可较宽	较小	可以低速	可适当长时间使用

相关知识六　认识气爪

1. 工作原理

气爪其实也是气缸，都是通过压缩空气来推动活塞运动。一般情况下，气爪的开头分为两片，通过推动活塞，完成夹紧和收放的动作，如图 15-6 所示。

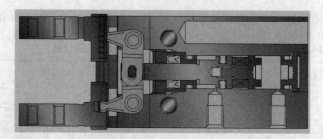

图 15-6　气爪的实物图及工作原理图

2. 各种气爪的类型

常见的气爪类型及其实物图如表 15-11 所示。

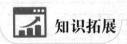

表15-11   常见的气爪类型及其实物图

气爪类型	实物图	气爪类型	实物图
平行开闭型		二爪型	
支点开闭型		三爪型	
特殊爪型		宽开度型	

知识拓展

知识拓展 了解特殊气缸

特殊气缸是属于气缸中比较特殊的一类，虽然用量比普通气缸少，但是它的特殊性也决定了在很多行业和领域中有着其特殊的用途，而且具有无可代替的地位和作用。下面通过表15-12来了解一下特殊气缸。

表15-12   各种特殊气缸的知识

名称	简图	原理及功能
冲击式气缸		利用突然大量供气和快速排气相结合的方法得到活塞杆的冲击运动，用于切断、冲孔、打击工件等
气—液阻尼缸		利用液体的不可压缩性，获得活塞杆的稳速运动。用于速度稳定性要求较高的场合

名称	简图	原理及功能
增压缸	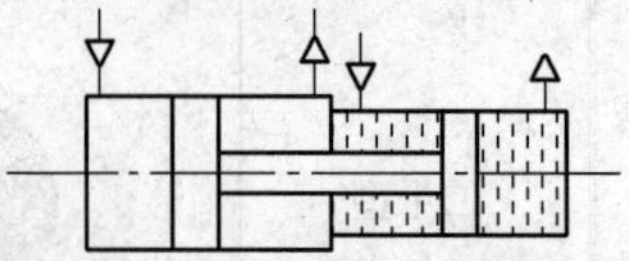	利用液体的不可压缩性和力的平衡原理，可在小活塞端输出高压的液体
	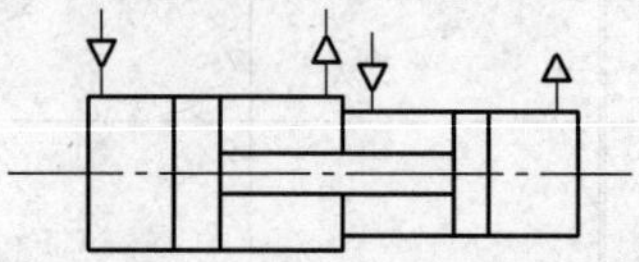	利用压力和作用面积乘积相等，可在小面积端获得较高的压力
串联气缸	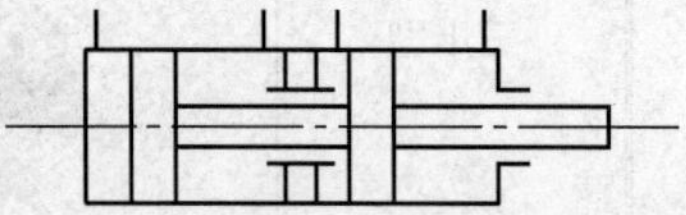	在一根活塞杆上串联多个活塞，从而增大活塞面积总和。气缸输出力决定投入工作的气缸的数量
回转气缸	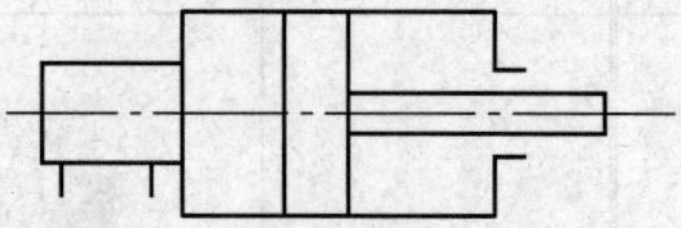	进、排气导管和缸体可相对转动，可用于机床夹具和线材卷曲装置上
双活塞杆气缸	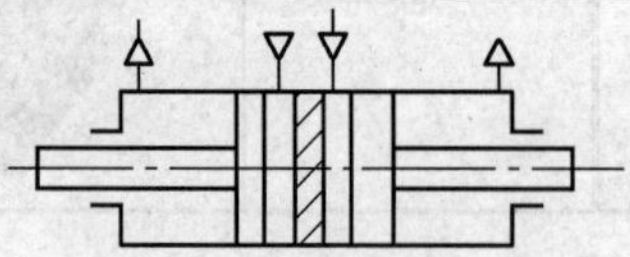	两个活塞同时向相反方向运动，增大行程
多位气缸	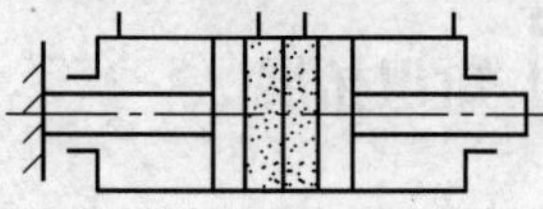	活塞行程可占有四个位置，只要气缸的任一空腔接通气源，活塞就可占有一个位置
伸缩气缸	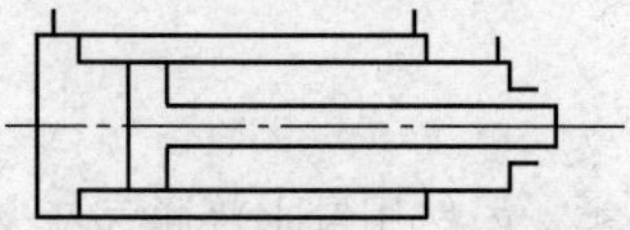	伸缩气缸由套筒构成，可增大行程，推力和速度随行程而变化，适用于翻斗汽车动力气缸
数字气缸	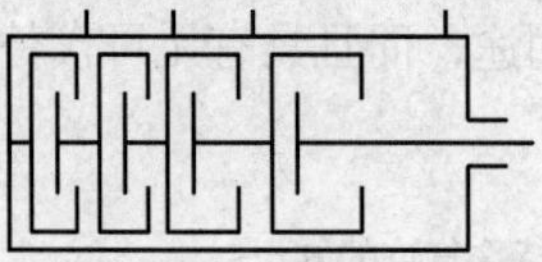	将若干个活塞轴向一次装在一起，其运动行程从小到大按几何级数排列，由输入的气动信号决定输出

典型任务六
典型气动回路的装调

任务16
送料装置气动回路的装调

◆ **本任务学习目标**

1. 了解方向控制阀的结构及工作原理。

2. 掌握方向控制阀的职能符号及表示方法。

3. 能根据动作要求设计出送料装置的控制回路。

4. 掌握气动回路的分析及连接方法。

5. 对比分析气动与液压的异同点。

◆ **本任务建议课时**

4 学时

◆ **本任务工作流程**

1. 导入新课。

2. 检查讲评学生完成导读工作页的情况。

3. 对照几种常用方向控制阀实物，进行元件识别。

4. 组织学生学习气动回路工作原理并按回路图连接实物实验。

5. 巡回指导学生实习。

6. 结合方向控制阀实物及气动应用影像资料，进行理论讲解。

7. 组织学生"拓展问题"讨论。

8. 本任务学习测试。

9. 测试结束后，组织学生填写活动评价表。

10. 小结学生学习情况。

◆ **本任务所需器材**

1. 设备：气动试验台 8 台。

2. 气动元件：手动式二位三通、二位五通气动换向阀。

3. 气动辅件：气动三联件、气动工作站（气泵、气源）。

课前导读

请完成表 16-1 中的内容。

表16-1 课前导读

序号	实施内容	答案选择
01	以下属于纯气动方向控制阀的是哪个	 □  □
02	本次试验所用的手动阀是哪种	按钮式□ 手柄式□ 推拉式□
03	两联件与三联件相比少一个什么	过滤器□ 减压阀□ 油雾器□
04	本实验气泵提供的空气压力是多少	0.8MPa□ 1.8MPa□ 8.0MPa□
05	油雾器的作用是什么	过滤空气中的油 □ 给压缩空气加油润滑□
06	本实验所用的气泵工作时，压缩空气是怎么冷却的	自然冷却□ 循环水冷□ 风冷□
07	实验结束后应该怎么做	拆卸元件放回原位□ 关闭气泵阀门后关闭气泵电源□ 打扫卫生后关闭总电源□
08	手动式二位五通换向阀画法正确的是	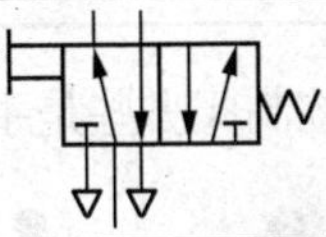 □ 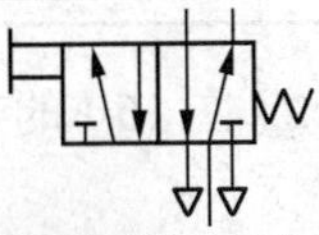 □
09	如果气泵电源已开启，指示灯亮，但气泵不运转，也没有压缩空气输出，可能是什么原因？本图中气泵上的按钮作用是什么	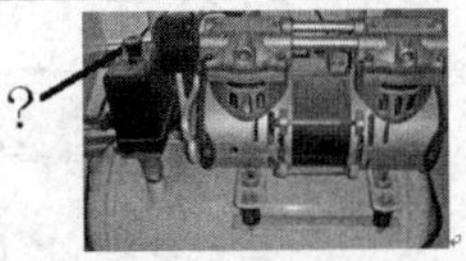 电源开关 □ 急停□ 压力调节阀□
10	本实验气泵提供的压缩空气压力是什么	0.1MPa□ 0.8MPa□ 0.56MPa□
11	气动系统与液压系统的主要区别是什么	介质不同□ 工作压力不同□ 速度反应不同□
12	气动回路中的三联件有什么作用	过滤□ 减压□ 润滑□
13	推拉式二位三通换向阀与按钮式二位三通换向阀的区别是什么	是否弹簧复位□ 常开或常闭□

情景描述

某冲压厂技术员小王考虑到工人给冲压机床送料时手指的危险性，决定将手动送料改为自动送料，此举还可以提高生产效率，减少工人劳动强度。小王该怎么做呢？

任务实施一　方向控制阀的分类

（1）方向控制阀分类（见表 16-2）的补充内容。

表 16-2 方向控制阀的分类

分类方式	形式
按阀内气体的流动方向	单向阀，换向阀
按阀芯的结构形式	截止阀，滑阀
按阀的密封形式	硬质密封，软质密封
按阀的工作位数及通路数	二位三通、二位五通、三位五通等
按阀的控制方式	气压控制、电磁控制、机械控制、手动控制等

（2）图 16-1 的方向控制阀哪些是手动式，哪些是机械控制，哪些是电磁控制？

图 16-1　方向控制阀

补充：人力控制换向阀分为手动和脚踏两种操纵方式。手动阀的主体部分与气控阀类似，其操作方式有按钮式、旋钮式、锁式和推拉式等多种形式。

任务实施二　二位三通/二位五通阀的结构、工作原理及职能符号

（1）请完成表 16-3 空白处的内容。

表 16-3 气动换向阀相关任务

	气动换向阀	
功用		
名称		
职能符号		

（2）从送料装置的工作要求可以看出，其气动控制回路比较简单，主要是应用方向控制阀对气缸实行简单的方向控制。因此，要完成送料装置的控制回路设计，必须对相关方

向控制阀的控制方法、职能符号等有一个全面的了解。

根据表 16-4，挑选出常用的控制方式：_____、_____

和_____。

表 16-4 气动换向阀相关任务

机械控制方式	手动控制	按钮式	顶杆式	手柄式	脚踏式
	滚轮式	惰轮式	弹簧控制	机械定位方式	
气动控制方式	直接气压控制	先导式气压控制	泄压控制		
电气控制方式	单侧电磁控制	双向电磁控制			
综合控制方式	带手动开关的双侧电磁先导式控制				

任务实施三　探究气动的二位三通/二位五通换向阀结构与工作原理

（1）请完成表 16-5 空白处的内容。

表 16-5 二位三通换向阀相关任务

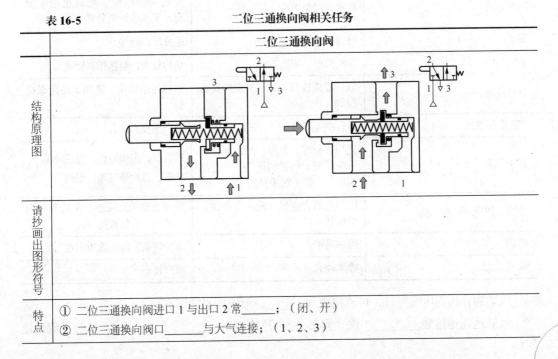

二位三通换向阀
结构原理图
请抄画出图形符号
特点　① 二位三通换向阀进口 1 与出口 2 常_____；（闭、开） ② 二位三通换向阀口_____与大气连接；（1、2、3）

（2）请完成表 16-6 空白处的内容。

表 16-6 二位五通换向阀相关任务

二位五通换向阀	
结构原理图	
请画出图形符号	
特点	① 二位五通换向阀左位工作时 P 口的压缩空气流向_____；（A、B） ② 二位五通换向阀的阀芯为_____；（座阀、滑阀）

任务实施四　气动与液压的异同点

根据表 16-7 比较气动与液压的异同点，然后填空。

表 16-7 气动与液压的异同点

比较项目	气动	液压
负载变化对传动的影响	影响较大	影响较小
润滑方式	需设润滑装置	介质为液压油，可直接用于润滑，无须设润滑装置
速度反应	速度反应较快	速度反应较慢
系统构造	结构简单，制造方便	结构复杂，制造相对较难
信号传递	信号传递较易，且易实现中距离控制	信号传递较难、常用于短距离控制
产生的总推力	具有中等推力	能产生较大推力
环境要求	适用于易燃，易爆，冲击场合，不受温度，污染的影响，存在泄漏现象，但不污染环境	对温度，污染敏感，存在泄漏现象，且污染环境、易燃
节能、使用寿命和价格	所用介质为空气，使用寿命长，价格低	所用介质为液压油，使用寿命相对较短，价格较贵
维护	维护简单	维护复杂，排除故障困难
噪声	噪声较大	噪声较小

气动的介质为压缩空气，可直接排到_____，而液压必须要有_____。

气缸运动速度较_____（快、慢），空气压缩比很_____（大、小），从而准确性比较_____（好、差），输出功率比较小，而气动反之。

气动元件的体积相对较小较轻，且不像气动那样污染大。气动蓄能方便，可用贮气筒获得气压能。

任务实施五　探究并组建送料装置直接控制回路

本次任务涉及最简单的气动回路控制，让大家通过绘制回路图和做实验对气动回路有一个基本的了解，并对比气动回路来实际了解气动与液压的异同点。相对复杂的回路都是由简单的基本回路拼接而成，请大家想一想，实际生活中还有哪些气动应用？具体分析如表 16-8 所示。

表 16-8　　　　　　　　　　　　　送料装置分析

送料装置的示意图	送料装置的工作要求
	说明：气动系统无论多么复杂，均由一些特定功能的基本回路组成。工程上，气动系统回路图是以气动元件图型符号组合而成，故需要对气动元件的功能、符号与特性熟悉和了解，然后通过实验对工作原理进行分析和验证
按下按钮	送料气缸伸出，把未加工的工件送入加工位置
松开按扭	气缸收回，以待把下一个未加工工件送到加工位置
生活中的例子	

（1）读懂换向回路原理图，完成表 16-9 空白处的内容。

表 16-9　　　　　　　　　　　　换向回路相关任务

气动换向回路原理图	编号	名称	功能
	A	气动泵	
	B		
	C		
	D	气源	

工作过程		
工作状态	元件 B	元件 A
气缸活塞杆伸出		
气缸活塞杆缩回		

（2）根据表 16-9 画出的气动原理简图完成试验：①准备气动元件，如表 16-10 所示；②用气管组建气动回路；③调试气动回路。

表 16-10　　　　　　　　　实施直接气动换向回路的基本元件

序号	名称	图形符号	本次实验元器件	备注
01	双作用单杆缸	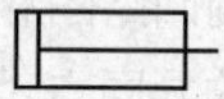		若两边都有杆伸出则为双杆缸
02	手动式二位五通气动换向阀		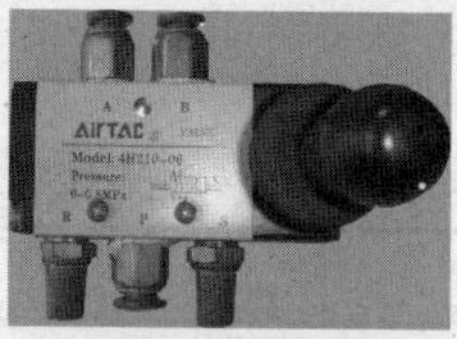	手动式分为按钮式、顶杆式、手柄式、脚踏式等，本实验选手柄式
03	气动三联件			三联件中间的减压阀可减压，左侧为过滤器，右侧为油雾器，图中的油雾器缺油
04	气动工作站（气泵、气源）			本实验空压机提供的空气压力为 0.8MPa 左右，冷却则采用风冷，实验完毕要求将供气阀门关闭

实施直接气动换向回路实验的过程如表 16-11 所示。

表 16-11　　　　　　　　　实施直接气动换向回路实验过程

准备元件	组建回路	调试回路
气动三联件属于易碎件，一般固定在试验台左下角，实验完毕也不进行拆卸。气缸的杆摆放时尽量与回路图一致，即杆伸出方向朝右，以防混乱	连接完毕后，首先检查实验图是否与回路图一致，然后看各卡口是否牢固。确认无误后可开启气源做实验	实验时，首先调节气动三联件中的减压阀到合适的值（压力太大可能导致气缸动作过猛），然后操作二位五通换向阀，气缸伸出或缩回，完成本次实验

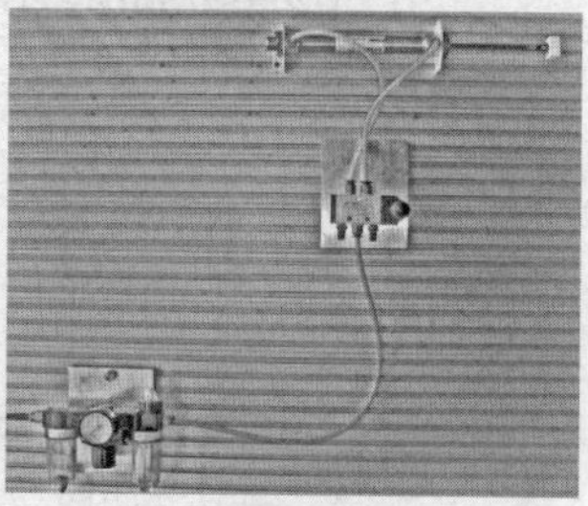

任务实施六　组建送料装置间接控制回路

（1）常见冲床周边设备如图 16-2 所示。读懂换向回路原理图，完成表 16-12 空白处的内容。

图 16-2　冲床辅助设备

表 16-12　　　　　　　　　　　　　　　　换向回路相关任务

气动换向回路原理图	编号	名称	功能
	A		
	B		
	C		
	D	气动三联件	
	工作过程		

工作状态	元件 C	元件 B	元件 A
气缸活塞杆伸出			
气缸活塞杆缩回			

（2）根据表 16-12 画出的气动原理简图完成试验：①准备气动元件，如表 16-13 所示；②用气管组建气动回路；③调试气动回路。

表 16-13　　　　　　　　　　　　　实施间接气动换向回路的基本元件

序号	名称	图形符号	变更的实验元器件	备注
01	单气控二位五通换向阀			该实物与符号呈镜像关系，接管时要留意对应好 A、B 口，否则可能导致气缸动作相反
02	推拉式二位三通换向阀			本实验采用推拉式二位三通换向阀，该阀采用钢球定位，每个动作会自动保持，未接管的口直接排气（本实验气压较低，否则应加装消声器）

实施间接气动换向回路实验的过程如表 16-14 所示。

表 16-14　　　　　　　　　实施间接气动换向回路实验过程

准备元件	组建回路	调试回路
	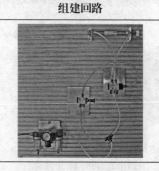	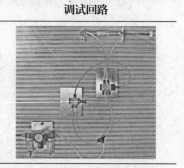
相比上次实验，本次增加了一个推拉式二位三通换向阀，起到间接控制的作用。另把手动式二位五通气动换向阀改为单气控二位五通换向阀，控制口得气则右位工作，否则弹簧复位左位工作	连接完毕后，首先检查实验图是否与回路图一致，尤其是单气控二位五通换向阀与回路图中不太一致。然后看各卡口是否牢固。确认无误后可开启气源做实验	首先调节气动三联件中的减压阀到合适的值（压力太大可能导致气缸动作过猛），然后操作推拉式二位三通换向阀，气缸伸出或缩回，完成本次实验

任务考核

请对照任务考核表（见表 16-15）评价完成任务结果。

表 16-15　　　　　　　　　　　　　任务考核

课程名称		气动与气动控制			任务名称		送料装置气动回路的装调
学生姓名					工作小组		

	评分内容	分值	自我评分	小组评分	教师评分	得分	原因分析
任务质量	简述换向阀的分类和作用	5					
	简述二位三通和二位五通换向阀的结构及工作原理	10					
	正确识读和绘制不同类型的气动换向阀	10					
	分析气动换向回路工作原理	15					
	正确连接气动换向回路	10					
	正确调试气动换向回路	10					

团结协作	10				
劳动态度	10				
安全意识	20				
权重		20%	30%	50%	
总体评价	个人评语：				
	教师评语：				

　　情境链接： 设计员小王通过查资料了解了整个回路的设计，但他对气动回路图和气压控制系统还是比较陌生。如果你也是如此，一定要了解下面的"相关知识"。

 相关知识

相关知识一　全气动系统中信号流和气动元件的关系

气动系统如图 16-3 所示。

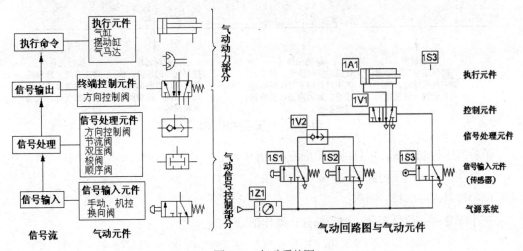

图 16-3　气动系统图

相关知识二　定位回路图与不定位回路图的区别

　　以气动符号所绘制的回路图可分为定位和不定位两种表示法。定位回路图以系统中元件实际的安装位置绘制，这种方法使工程技术人员容易看出阀的安装位置，便于维修保养，如图 16-4 所示。不定位回路图不按元件的实际位置绘制，气动回路图根据信号流动方向，从下向上绘制，各元件按其功能分类排列，依次顺序为气源系统、信号输入元件、信号处理元件、控制元件、执行元件。

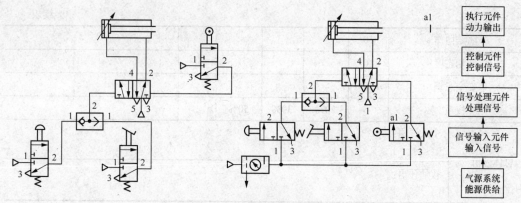

图 16-4　间接控制气动系统图

相关知识三　了解气压控制系统的组成

气压系统的组成如图 16-5 所示。

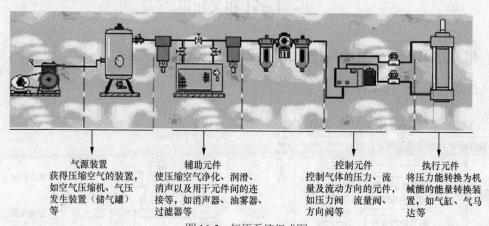

| 气源装置
获得压缩空气的装置，如空气压缩机、气压发生装置（储气罐）等 | 辅助元件
使压缩空气净化、润滑、消声以及用于元件间的连接等，如消声器、油雾器、过滤器等 | 控制元件
控制气体的压力、流量及流动方向的元件，如压力阀、流量阀、方向阀等 | 执行元件
将压力能转换为机械能的能量转换装置，如气缸、气马达等 |

图 16-5　气压系统组成图

单看气压控制系统，可总结为下面三句话：

一个系统——气压控制系统；

两种符号——字符、图形；

三个部分——信号部分、控制部分、动作部分。

　知识拓展

知识拓展　了解CIMS

CIMS（见图 16-6）是英文 Computer Integrated Manufacturing Systems 的缩写，直译就是计算机/现代集成制造系统。计算机集成制造——CIM 的概念最早是由美国学者哈林顿博士提出的。

CIMS 与计算机综合自动化制造系统是同义词，后者是 CIMS 在中国早期的另一种叫法，虽然通俗些，但由于无法表达集成的内涵，因此使用得较少。

CIMS 是自动化程度不同的多个子系统的集成，如管理信息系统（MIS）、制造资源计划系统（MRPII）、计算机辅助设计系统（CAD）、计算机辅助工艺设计系统（CAPP）、计算机辅助制造系统（CAM）、柔性制造系统（FMS），以及数控机床（NC、CNC）、机器人等。CIMS 正是在这些自动化系统的基础之上发展起来的。CIMS 根据企业的需求和经济实力，把各种自动化系统通过计算机实现信息集成和功能集成。当然，这些子系统也使用了不同类型的计算机，有的子系统本身也是集成的，如 MIS 实现了多种管理功能的集成、FMS 实现了加工设备和物料输送设备的集成等。但这些集成是在较小的局部，而 CIMS 是针对整个工厂企业的集成。CIMS 是面向整个企业的，覆盖企业的多种经营活动，包括生产经营管理、工程设计和生产制造各个环节，即从产品报价、接受订单开始，经计划安排、设计、制造直到产品出厂及售后服务等的全过程。

其中，电气动控制如图 16-7 所示。

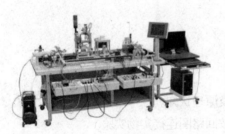

图 16-6　CIMS（计算机集成制造系统）

图 16-7　电气动控制（非标机械）

任务17
分料装置气动回路的装调

◆ **本任务学习目标**

1. 掌握双气控、双电控换向阀的工作原理及工作特性。

2. 掌握设计气动回路的一般方法。

3. 掌握电－气控制回路的设计方法。

◆ **本任务建议课时**

4学时

◆ **本任务工作流程**

1. 导入新课。

2. 检查讲评学生完成导读工作页的情况。

3. 对双气控、双电控换向阀进行元件识别及原理认知。

4. 组织学生学习本次气动回路工作原理并按回路图连接实物实验。

5. 巡回指导学生实习。

6. 结合本次实验及分料相关影像资料，进行理论讲解。

7. 组织学生"拓展问题"讨论。

8. 本任务学习测试。

9. 测试结束后，组织学生填写活动评价表。

10. 小结学生学习情况。

◆ **本任务所需器材**

1. 设备：气动试验台8台。

2. 气动元件：双气控换向阀。

3. 气动辅件：气动三联件、气动工作站（气泵、气源）。

 **课前导读**

请完成表17-1中的内容。

序号	实施内容	答案选择		
01	以下属于接近开关符号的是哪个	SB □	SQ □	KA □
02	哪个是接近开关的实物	□	□	
03	行程阀的初始状态是什么	常通 □	常断 □	
04	双气控二位五通换向阀的符号是哪个	□	□	
05	电磁换向阀中电磁继电器的额定电压是多少	6V □	12V □	24V □
06	七通接头可以分出几个支路	6个 □	7个 □	8个 □
07	实验时，如果压缩空气的压力不够可能表现的现象是什么	回路无误时气缸无法伸出或收回 □ 可能有漏气噪音 □　压力表读数偏小 □		
08	如果有个别同学不顾安全规范，拿压缩空气排气口给自己吹风或吹他人，老师及同学应该严厉制止并停止其实验，他的行为可能造成什么后果	可能伤害到自己或他人的眼睛耳朵等敏感器官 □ 压缩空气可能进入人体后会产生致命后果 □ 可能发生同学间的摩擦 □		
09	有同学在实验过程中发现某元器件已经损坏，他应该怎么做	趁同学或老师不注意丢进垃圾桶 □ 到别的实验抬换个好的 □　自己维修 □ 报告班长或老师后按规定处理 □		
10	经老师同意后，学生可以进行简单的元器件维修，你觉得自己可以进行那些维修	电磁阀电线脱焊 □　调节旋钮滑丝 □ 气管接口漏气 □　气缸漏气 □		

📊 情景描述

某粮食加工厂技术员小李跟师傅一起进行小麦输送机械的维护工作。一天小麦分料装置发生故障，师傅让小李试着解决。查看现场后，小李向师傅请教分料装置的工作原理，师傅给出一些相关资料，翻阅资料后小李知道是气动分料装置无法完成循环动作，没有其他问题，那么，小李接下来该怎么做呢？

任务实施

任务实施一　双气控阀的记忆特性

二位五通双气控换向阀如表 17-2 所示。

表 17-2　　　　　　　　　　　　二位五通双气控换向阀

二位五通双气控换向阀工作原理图	双气控换向阀职能符号	双气控换向阀实物图

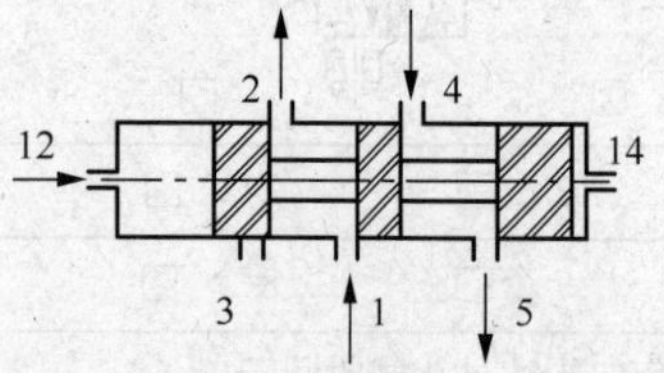

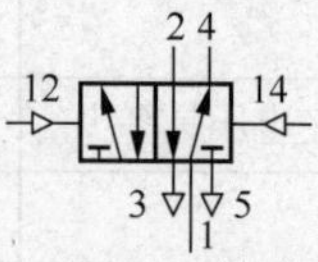

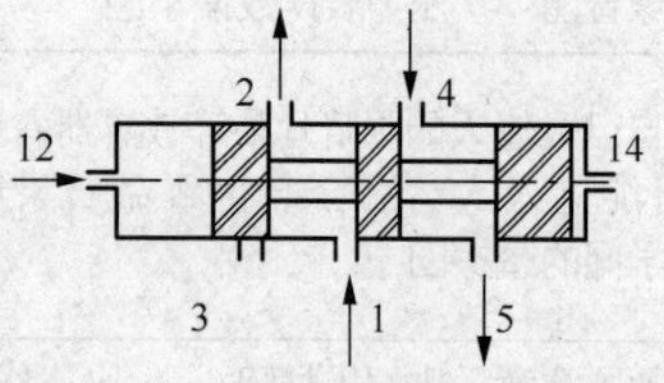 （a） 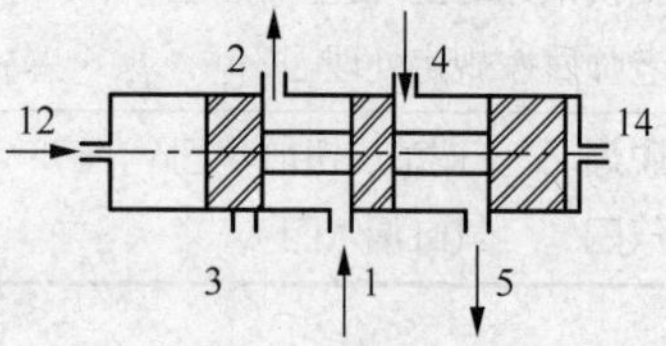	
 （b） 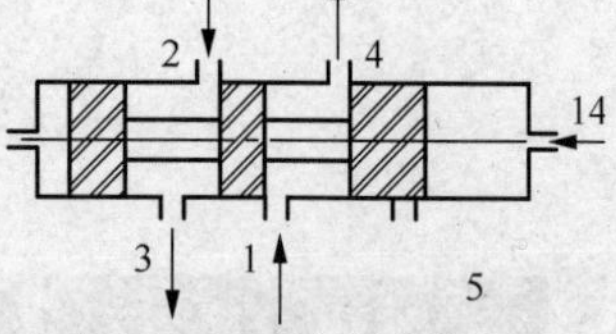	在任务引入中，分料装置的气缸需要记住出口 A 和出口 B 的位置，并且在控制信号断开后，还需要在 A、B 位置保持一段时间以确保工件顺利落下，这时选用双气控阀比较符合要求 请思考，如果两边同时通气会有什么结果 答：如果两边同时通气且时间气压相当，_____ _____（左位工作、右位工作、记忆通气前的状态）
 （c）	

（a）12 通气左位工作
（b）控制口不通气状态保持
（c）14 通气右位工作

任务实施二　按钮和接近开关

按钮与接近开关如表 17-3 所示。

表 17-3	按钮与接近开关	
按钮实物	**按钮符号**	**按钮的说明**
	常开按钮　常闭按钮　复合按钮	按钮是一种短时接通或分断小电流电路的控制电器。一般情况下，它不直接操纵用电设备的通断，而是控制电路中发出指令，通过接触器、继电器等电器去控制用电设备
接近开关介绍	金属物体 → 感应头 → 振荡器 → 晶体管开关 → 输出器 → 输出 / 电源 接近开关也叫近接开关，又称无触点行程开关，它除了可以完成行程控制和限位保护外，还是一种非接触型的检测装置，用作检测零件尺寸和测速等。当有物体移向接近开关，并接近到一定距离时，位移传感器才有"感知"，开关才会动作。通常把这个距离叫"检出距离"。但不同的接近开关检出距离也不同。当被测对象是导电物体或可以固定在一块金属物上的物体时，一般都选用涡流式接近开关，因为它的响应频率高、抗环境干扰性能好、应用范围广、价格较低	

任务实施三　探究并组建分料装置纯气动控制回路

气动分料装置在工业中广泛使用，跟前面实验不同的是增加了气缸的循环机制，如何保证气缸的伸缩循环式本次实验的主要内容。要控制气缸的伸缩循环有很多方法，如行程阀控制气动信号、行程开关控制电信号、接近开关控制电信号、PLC 控制电信号等。

要设计出分料装置（见表 17-4）的控制回路，必须掌握气动控制回路的一般设计方法，以及一些相关元件（如双气控阀）的工作原理及使用方法，这样才能更好地利用好各个元件，设计出合理的控制回路。

气动控制回路的控制方法除了有纯气动控制外，还有电－气综合控制，因此，要完成分料装置的控制回路设计，还必须掌握一些低压电器的控制方法和元器件（如电磁换向阀、按钮、行程开关等）的结构原理，以及电－气综合控制的设计方法。

表 17-4	分料装置
分料装置实例与示意图	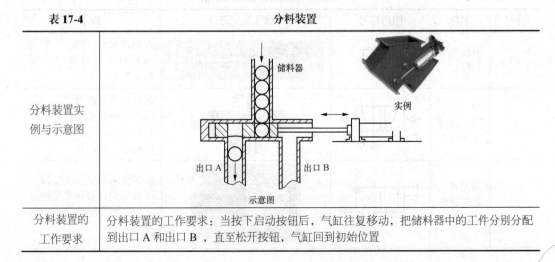
分料装置的工作要求	分料装置的工作要求：当按下启动按钮后，气缸往复移动，把储料器中的工件分别分配到出口 A 和出口 B，直至松开按钮，气缸回到初始位置

（1）读懂换向回路原理图，完成表 17-5 空白处的内容。

表 17-5 分料装置纯气动控制回路相关任务

气动换向回路原理图

气缸

主控阀
SB a0　　a1

（a）主控制回路图

气缸　a0　　a1

主控阀

a0

手动换向阀

a1

（b）信号控制回路图

请抄画主控回路：	请描述工作原理：

（2）根据表 17-5 画出的气动原理简图完成试验：①准备气动元件，如表 17-6 所示；②用气管组建气动回路；③调试气动回路。

表 17-6 实施分料装置纯气动控制回路

序号	名称	图形符号	本次实验元器件	备注
01	双作用单杆缸			若两边都有杆伸出，则为双杆缸（三联件与气泵略）
02	双气控二位五通换向阀			该阀作为主控阀是主控制回路中的关键元件，该阀具有记忆功能，失气后会保持之前的状态
03	推拉式二位三通换向阀			本实验采用推拉式二位三通换向阀，该阀采用钢球定位，每个动作会自动保持

序号	名称	图形符号	本次实验元器件	备注
04	行程阀			该行程阀为常开状态，气缸伸出或缩回时，活塞杆触碰机械滚轮切换工作位，滚轮不受力时弹簧弹回，恢复到初始状态

实施分料装置纯气动控制回路实验的过程如表 17-7 所示。

表 17-7   实施分料装置纯气动控制回路

准备元件	组建回路	调试回路
两个行程阀按道理应该一个位于活塞杆伸出位，另一个位于活塞杆缩回位。但因受到实验条件的限制，左边的行程阀无法放到活塞杆缩回位，实验时用手动代替	连接完毕后，首先检查实验图是否与回路图一致，然后看各卡口是否牢固。确认无误后，可开启气源做实验。要想到达活塞的循环运动，将气缸换为双杆缸即可	首先调节气动三联件中的减压阀到合适的值（压力太大可能导致气缸动作过猛），然后操作二位五通换向阀，气缸伸出或缩回，完成本次实验

任务实施四　组建分料装置电—气综合控制回路

（1）分料装置电—气综合控制回路（见图 17-1）的主气路部分与纯启动控制类似，只是用电拖实现了信号控制。该信号控制连接的方法已在电力拖动课程中介绍过，此处不再赘述。

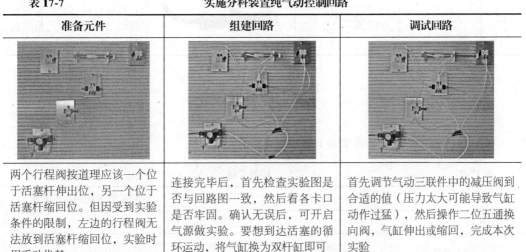

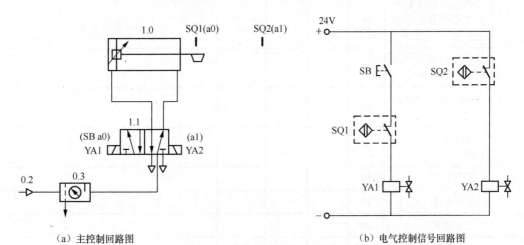

（a）主控制回路图   （b）电气控制信号回路图

图 17-1　分料装置电—气综合控制回路

（2）根据表 17-5 画出的气动原理简图完成试验：①准备相关元件，如表 17-8 所示；②用气管组建气动回路；③调试气动回路（实验过程略）。

表 17-8　　　　　　　　　　实施间接气动换向回路

序号	名称	图形符号	变更的实验元器件	备注
01	双电磁二位五通换向阀			该电磁换向阀两边的电磁继电器由接近开关加电动按钮控制其通和断
02	接近开关	SQ		该涡流式接近开关不允许正负极反接，否则会导致损坏。因此，学生做实验时，不允许随意上电

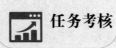

任务考核

请对照任务考核表（见表 17-9）评价完成任务结果。

表 17-9　　　　　　　　　　　　任务考核

课程名称	气动与气动控制			任务名称	送料装置气动回路的装调	
学生姓名				工作小组		
评分内容		分值	自我评分	小组评分	教师评分	得分	原因分析

	评分内容	分值	自我评分	小组评分	教师评分	得分	原因分析
任务质量	简述双气控阀的记忆特性	5					
	简述电磁换向阀的工作原理	10					
	正确识读和绘制不同类型的按钮和接近开关	10					
	分析分料装置气动回路工作原理	15					
	正确连接气动换向回路	10					
	正确调试气动换向回路	10					
	团结协作	10					
	劳动态度	10					
	安全意识	20					
	权重		20%	30%	50%		

总体评价	个人评语：
	教师评语：

情境链接： 技术员小李通过查资料了解了整个分料回路的设计，但还没有实践经验，在师傅的提示下终于完成了分料回路的维修工作。维修完成后，他感觉自己需要对该回路相关元件及功能图进一步理解，以便下次能独立处理相关的问题。如果你也想进一步理解，下面的"相关知识"可以帮助你。

 相关知识

相关知识　电磁换向阀的工作原理

由电磁铁的动铁芯直接推动阀芯换向的气阀，称为直动式电磁换向阀，如图 17-2 所示。

若为单电磁换向阀，当电磁阀的线圈得电时，电磁阀的铁芯在电磁力的作用下克服另一端弹簧力带动活塞位移，达到切换工作位的目的；当线圈失电时，弹簧复位带动活塞回到初始状态。若为双电磁换向阀，不得两边同时得电。

当电磁阀的某一端线圈得电，电磁阀的铁芯在电磁力的作用下带动活塞位移，达到切换工作位的目的，当线圈失电，没有弹簧复位，工作位置保持，除非切换到另一端线圈得电，才切换到另一个工作位。

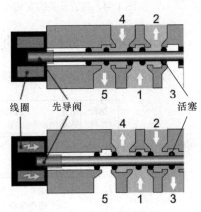

图 17-2　直动式电磁换向阀

 知识拓展

知识拓展一　接近开关与行程开关的区别

行程开关（又称位置开关或限位开关，见图 17-3）是一种将机械信号转换为电气信号，以控制运动部件位置或行程的自动控制电器。它的作用与按钮相同，区别在于它不是靠手动操作，而是利用生产机械运动部件上的挡块与位置开关碰撞，来接通或断开电路，以实现对生产机械运动部件的位置或行程的自动控制。在日常生活中，最易碰到的例子就是冰箱了。当打开冰箱时，冰箱里面的灯就会亮起来，关上门就熄灭了，这是因为门框上有个开关，被门压紧时灯的电路断开，门一开就放松了，于是就自动把电路闭合使灯点亮。这就是行程开关。

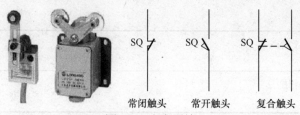

常闭触头　　常开触头　　复合触头

图 17-3　行程开关

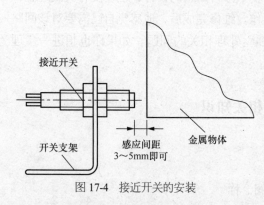

图 17-4　接近开关的安装

接近开关（见图 17-4）——在各类开关中，有一种对接近它物件有"感知"能力的元件——位移传感器。利用位移传感器对接近物体的敏感特性达到控制开关通或断的目的，这就是接近开关。有时被检测验物体是按一定的时间间隔，一个接一个地移向接近开关，又一个一个地离开，这样不断地重复。不同的接近开关，对检测对象的响应能力是不同的。这种响应特性被称为"响应频率"。

知识拓展二　分料装置的功能图及信号与元件的关系图

分料装置控制信号没有时间控制，因此，只需设计运动—步骤图即可，如图 17-5 所示。

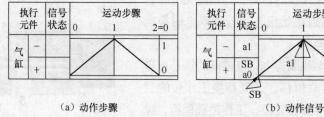

（a）动作步骤　　　　　　　　　　　　（b）动作信号

图 17-5　分料装置的运动—步骤功能图

绘制控制信号与执行元件的关系图，如图 17-6 所示。当按下按钮 SB 发出一个信号，使活塞杆伸出；当活塞杆伸出触动行程阀（开关）得到使活塞杆退回的控制信号 a1，活塞杆开始退回；当活塞杆退回触动行程阀（开关）得到控制信号 a0，也就是退回已经到位，一个循环结束，若这时再按下按钮 SB 执行元件，将再次伸出以完成下个动作循环。可以看出，活塞杆前伸的条件有两个，一个是按下气动按钮，一个是活塞杆退回到位，两者缺一不可。

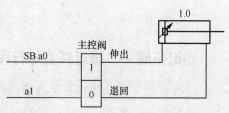

图 17-6　控制信号与执行元件的关系图

任务18
压装装置气动回路的装调（一）

18

◆ **本任务学习目标**

1. 掌握解单向顺序阀的结构、工作原理及职能符号。

2. 掌握延时阀的结构、工作原理、职能符号及正确使用方法。

3. 掌握压力延时单往复动作回路。

◆ **本任务建议课时**

4 学时

◆ **本任务工作流程**

1. 导入新课。

2. 检查学生完成导读工作页的情况。

3. 对照单向顺序阀和延时阀实物，进行元件识别。

4. 组织学生学习气动回路工作原理并按回路图连接实物实验。

5. 巡回指导学生实习。

6. 结合单向顺序阀和延时阀实物及气动应用影像资料，进行理论讲解。

7. 组织学生"拓展问题"讨论。

8. 本任务学习测试。

9. 测试结束后，组织学生填写活动评价表。

10. 小结学生学习情况。

◆ **本任务所需器材**

1. 设备：气动试验台 8 台。

2. 气动元件：单向顺序阀、延时阀。

3. 气动辅件：气动三联件、气动工作站（气泵、气源）等。

 **课前导读**

请完成表 18-1 中的内容。

表 18-1   课前导读

序号	实施内容	答案选择
01	顺序阀是否可以反接	是□　　否□　　看情况□
02	实验中为什么会用到延时阀	压装时保压□　　起到缓冲作用□
03	以下对延时阀描述正确的是哪个	常开□　　常闭□　　都可以□
04	单向顺序阀的图形符号是什么	 □　　　　　　□
05	延时阀的职能符号中有 1、2、3、12 共 4 个口，属于控制信号的是哪个口	 1□　　2□　　3□　　12□
06	顺序阀的压力损失比减压阀如何	大□　小□　看情况□
07	顺序阀为什么一般跟单向阀结合使用	避免顺序阀反接导致阀的损坏□ 为了保证顺序阀能正常工作□ 顺序阀无法独立使用□
08	延时阀的功效在生产中体现为什么	延时保压□　　延时冷却或加热□ 延时等待□　　延时换向时间减少冲击□
09	气动压装装置可以用来做什么工作	冲压□　　压印□　　定心□ 装配□　　铆接□　　弯曲□
10	气动压装装置与液压压装装置的主要区别是什么	力量不同□　　准确度不同□ 速度不同□　　经济性不同□
11	延时阀的最大延长时间与什么有关	储气室容量□　　储气室储气速度□ 储气室放气速度□　　旋钮调节□
12	延时阀不能起到延时作用，可能的原因是什么	储气室损坏□　　延时阀弹簧失效□ 延时调节不到位□　　回路其他故障□

📈 情景描述

    某轴承生产厂技术员小李和师傅老张负责轴承压装机的选型和维护工作。工厂接到一批轴承的外贸定单，而已有的压装机不太合适。老张决定将这个重任交给小李，但小李并不会通过计算来选压装机，老张指导他通过参考相关选型选好了轴承压装机，但小李对压装机的工作原理不太清楚，如果你是小李，小王该怎么做？

任务实施一　了解延时阀

不同控制类型的元件可以组合成一个整体的具有多重特性、多重结构的组合式阀门，称为组合阀。延时阀（见表 18-2）是由 3/2 阀、单向节流阀和储气室组合而成的。当控制口 12 有压缩空气进入，经节流阀进入储气室，单位时间内流入储气室的空气流量大小由节流阀调节。当储气室充满压缩空气达到一定程度时，即能克服弹簧的压力，使 3/2 阀的阀芯移动，使工作口 2 有压缩空气输出。

表 18-2　延时阀

延时阀工作原理图	延时阀图形符号	延时阀实物图
抄画延时阀的图形符号		

任务实施二　了解单向顺序阀

单向顺序阀（见表 18-3）的工作原理：由一个顺序阀与一个单向阀组合而成，当进气口的压力能克服弹簧压力，输出口有压缩空气输出，弹簧的设定压力可以通过手柄调节。

表 18-3　单向顺序阀

单向顺序阀工作原理图	单向顺序阀图形符号	单向顺序阀实物图
抄画单向顺序阀的职能符号		

任务实施三　探究并组建压装装置直接控制回路

气动压装机又称气动压床，广泛应用于零部件成型、冲压、冲孔、弯曲、铆接、打印、定心、剪切、压花及装配作业。相关产品特点：①高效率且容易操作，可减少劳动力；②结构简单，操作方便，极少维修；③每次压力均衡，成品率高；④一般配有抗转动的导杆使用业时更精确；⑤可选用手机或脚踏控制；⑥根据不同的产品，可调节高度、速度、模具行程，压力大小和时间的范围；⑦稳定性好，自动化流水线作业一体化。

压装装置的实例、示意图及工作要求如表 18-4 所示。

表 18-4　　　　　　　　　　　　　　　　　压装装置

压装装置实例	压装装置示意图	压装装置的工作要求
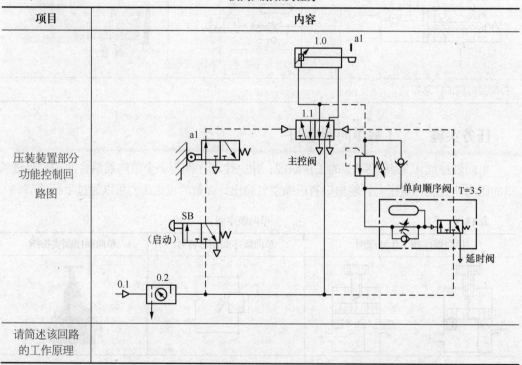	◎ 启动　　　气缸 ◎ 停止	当按下启动按钮后，气缸对物品进行压装，当压实后，停留 3.5s 左右气缸快速收回，进行第二次压装，一直如此循环，直到按下停止按钮，气缸才停止动作。为了保证在压装过程中活塞杆运行平稳，要求下压运行速度可调节。另外，在工作位置上没有物品时，压装到 a1 位置后，气缸也要快速收回。由于压装物品的不同，有时还需要对系统的压力进行调整

（1）读懂换向回路原理图，完成表 18-5 空白处的内容。

表 18-5　　　　　　　　　　　　　　　换向回路相关任务

项目	内容
压装装置部分功能控制回路图	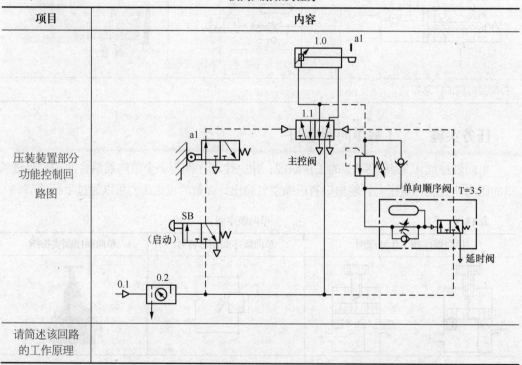
请简述该回路的工作原理	

（2）根据表 18-5 画出的气动原理简图完成试验：①准备气动元件，如表 18-6 所示；②用气管组建气动回路；③调试气动回路。

表 18-6　　　　　　　　　　　　　　实施直接气动换向回路

序号	名称	图形符号	本次实验元器件	备注
01	双作用单杆缸			（三联件与气泵略）

序号	名称	图形符号	本次实验元器件	备注
02	双气控二位五通换向阀			该阀作为主控阀是主控制回路中的关键元件，具有记忆功能，失气后会保持之前状态
03	推拉式二位三通换向阀			采用推拉式二位三通换向阀代替按钮式，实验操作时先推后拉，达到与按钮式一样的效果，也可用行程阀代替 SB
04	行程阀			该行程阀为常开状态，气缸伸出或缩回时，活塞杆触碰机械滚轮切换工作位，滚轮不受力时弹簧弹回，恢复到初始状态
05	单向顺序阀			请注意，该阀不要接反了。P进、A出
06	延时阀			请注意，三个接口不要接错，延长的时间调节看读数，但以实际测量时间为准

实施直接气动换向回路实验的过程如表 18-7 所示。

表 18-7 　　　　　　　　　　　　实施直接气动换向回路

准备元件	组建回路	延时局部图
两个行程阀按道理应该一个位于活塞杆伸出位，另一个位于活塞杆缩回位。但受到实验条件的限制，左边的行程阀无法放到活塞杆缩回位，实验时用手动代替	连接完毕后，首先检查实验图是否与回路图一致，然后看各卡口是否牢固。确认无误后，可开启气源做实验。要想达到活塞的循环运动，将气缸换为双杆缸即可	首先调节气动三联件中的减压阀到合适的值（压力太大可能导致气缸动作过猛），然后操作二位五通换向阀，气缸伸出或缩回，完成本次实验

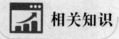 **任务考核**

请对照任务考核表（见表18-8）评价完成任务结果。

表18-8 　　　　　　　　　　　　**任务考核**

课程名称		气动与气动控制			任务名称		压装装置气动回路的装调（一）	
学生姓名					工作小组			
评分内容		分值	自我评分	小组评分	教师评分	得分	原因分析	
任务质量	简述延时阀的工作原理	5						
	简述压力阀的工作原理	10						
	正确识读和绘制压装装置纯气动回路	10						
	分析压装装置纯气动回路工作原理	15						
	正确连接气动换向回路	10						
	正确调试气动换向回路	10						
团结协作		10						
劳动态度		10						
安全意识		20						
权重			20%	30%	50%			
总体评价	个人评语：							
	教师评语：							

情境链接： 技术员小李通过查资料了解了压装装置的工作原理，但他对气动回路图和气压控制系统还是比较陌生。如果你也是如此，下面的"相关知识"一定要了解。

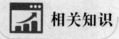 **相关知识**

相关知识　气动元件发展趋势

随着生产自动化程度的不断提高，气动技术应用面迅速扩大，气动产品品种规格持续增多，性能、质量不断提高，同时陆续开发出适应市场要求的新产品，使气动元件的品种日益增加，其发展趋势主要有以下几个方面。

1. 精确化

为了使气缸的定位更精确，使用了传感器、比例阀等实现反馈控制。此外，一种新颖的电磁开关型气动比例控制阀和数字阀也得到应用。如ＭＬ２Ｂ系列是具有测量、反馈、无杆和制动综合功能的气缸。带有弹簧、气压双重锁紧装置，当活塞速度在 500mm/s 以下时，无须任何校正控制回路。其停止精度可以在 0.5mm 以下，在制动气缸中设有制动装置，可以根据需要使活塞停止在行程的某一确定位置，定位精度高。

2. 小型化、集成化

有限的空间要求气动元件的外形尺寸尽量小，小型化是主要发展趋势。如 CJP 系列针笔形气缸的缸径小至 2.5～15mm，可以用于小型和微型机械设备的场合。气阀的集成化不仅将几只阀合装，还包含了传感器、可编程序控制器等功能。集成化的目的不单是节省空间，还有利于安装、维修和工作的可靠性，同时也增加了一些附加功能。

3. 高速化

气缸的高速化发展对提高装置的生产效率有着重要意义。为了提高生产率，自动化的节拍正在加快，高速化是必然趋势。气缸高速化的发展相应需要解决的技术问题，除对密封的材料、形状有所考虑外，气缸的驱动方式及如何吸收冲击惯量进行缓冲等问题也非常重要。

4. 复合化

气缸的另一个发展趋势就是复合化。为了方便用户、缩短用户进行机械设计的时间，各公司研制出复合化概念的气缸组件。这些具有复合功能的气缸，大大方便了用户的选择和使用，市场的需求及技术的竞争把气缸的发展带入到一个多样化的新时代。如 NSC 公司推出的带吸盘的一体化气缸，其与众不同之处在于：①与真空发生器一体；②吸盘接触到工件后，吸着并能自动复归，无须真空压力触电开关；③气缸的推力不作用在工件上。NOK 公司的 FPT 系列平台承重式气缸将导轨、平台、气缸集于一体，可直接用作小型压力机下的移动底座。

5. 安全性

由于气体的可压缩性，气动产品可实现软接触且动作柔和。有些特定的环境，如防火、防爆、高温、高湿等场合，气动元件有其独有的适应性。气动系统可以在间隙工作状态下输出较大能量，抗过载能力强，这些都是其他机电产品无法相比的。此外，真空、射流技术已与传统的气动技术融为一体,它们的产品已成为气动产品的一部分。另外，气动元件还有一些其他的发展趋势，如气动元件与电子技术相结合、向智能化方向发展等。元件性能向着高频、高响应、高寿命、耐高温、耐高压方向发展，普遍采用无油润滑，应用新工艺、新技术、新材料。

知识拓展

拓展知识一　压装的主要要求

压装的主要要求如下。

（1）压装时不得损伤零件。

（2）压入时应平稳，被压入件应准确到位。

（3）压装的轴或套引入端应有适当导锥，但导锥长度不得大于配合长度的 15%，导向斜角一般不应大于 10°。

（4）将实心轴压入盲孔，应在适当部位有排气孔或槽。

（5）压装零件的配合表面除有特殊要求外，在压装时应涂以清洁的润滑剂。

（6）用压力机压入时，压入前应根据零件的材料和配合尺寸，计算所需的压入力。

拓展知识二　气动工具了解

气动工具门类繁多，随着科技水平的飞速提高，新的气动工具也会大量涌现。目前按其工作方式，可大体分为以下几类。

（1）直线冲击式手工具：气动凿岩机、气镐、气铲、气动捣固机等。

（2）回转式手工具：气钻、气砂轮（磨光机）等。

（3）回转冲击类手工具：气扳机等。

（4）气马达。

（5）其他：气动拉铆枪、气动射钉枪等。

任务19
压装装置气动回路的装调（二）

◆　**本任务学习目标**

1. 掌握或门型梭阀的结构、工作原理及职能符号。

2. 掌握自锁控制方法。

3. 掌握多途径缩回连续往复动作回路。

◆　**本任务建议课时**

4 学时

◆　**本任务工作流程**

1. 导入新课。

2. 检查学生完成导读工作页的情况。

3. 对照单向顺序阀和延时阀实物，进行元件识别。

4. 组织学生学习气动回路工作原理并按回路图连接实物实验。

5. 巡回指导学生实习。

6. 结梭阀实物及气动应用影像资料，进行理论讲解。

7. 组织学生"拓展问题"讨论。

8. 本任务学习测试。

9. 测试结束后，组织学生填写活动评价表。

10. 小结学生学习情况。

◆　**本任务所需器材**

1. 设备：气动试验台 8 台。

2. 气动元件：在上次试验的基础上增加梭阀

3. 气动辅件：气动三联件、气动工作站（气泵、气源）等。

课前导读

请完成表 19-1 中的内容。

表 19-1   课前导读

序号	实施内容	答案选择
01	本次实验比前次实验改进的地方在哪里	采用了自锁控制□ 采用了延时控制□ 使用了压力顺序阀□
02	纯气动自锁控制的核心元件有几个	3 个□ 4 个□ 5 个□
03	压装机可以用来做什么	装配轴承□ 装配模具□ 打印□
04	当梭阀两个进气口同时通气时，出气口是否导通	通□ 不同□ 不一定□
05	把三个梭阀如右图联结，最多有多少个输入信号属于并列关系	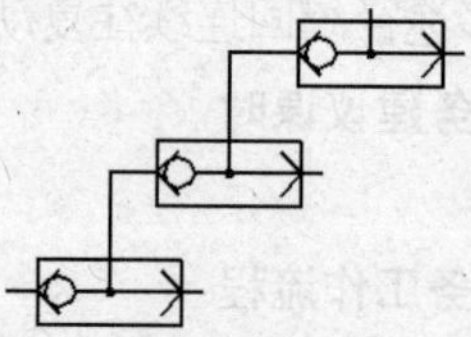 3 个□ 4 个□ 5 个□
06	本次试验比上次试验增加了几个元件	3 个□ 4 个□ 5 个□
07	如果对气动压装装置进行改装，需要获得更大的压力和更平稳的速度，该怎么做	采用气液增压缸□ 增加主气路压力并增加负载□ 增加主气路压力并采用阻尼更大的气缸□
08	本次实验中用到的主控阀是什么	二位三通换向阀□ 二位五通换向阀□ 两个都可以□
09	纯气动控制相对于电气控制的优势是什么	避免对电力的需求□ 更加安全□ 回路更加简单□
10	正确的梭阀符号是哪个	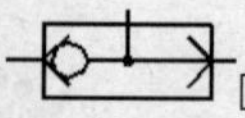 □ 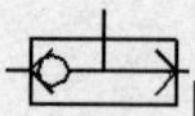 □
11	梭阀属于（ ）门型阀	或□ 与□ 非□
12	自锁控制的主要优点有哪些	更安全□ 更可靠□ 没有优点□

情景描述

接上次任务，某轴承生产厂技术员小李在师傅老张的指导下负责轴承压装机的选型和维护工作，小李对压装机的工作原理进行了一番了解，发现若想实现更多的功能就涉及更复杂的设计。如果你是小李，该怎么做呢？

任务实施

任务实施一 梭阀的了解

梭阀（见表 19-2）相当于两个单向阀的组合阀，有两个输入口，一个输出口。不管压缩空气从哪一个进气口进入时，阀芯都将另一面的进气口封闭，使工作口 2 有压缩空气输出。若两端进气口的压力不等，则高压口的通道打开，低压口被封闭，高压的进气口与工作口相连，工作口 2 输出高压的压缩空气。

表 19-2   梭阀

梭阀工作原理图	梭阀图形符号	梭阀实物图
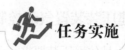		
抄画梭阀的图形符号		

任务实施二 自锁控制的方法

压装装置的控制要求中，要求按下启动按钮，气缸一直工作，直到按下停止按钮工作停止。这种控制方法要求在控制回路中按下按钮后，控制口需要有信号保持，即自锁（见表 19-3），也就是一直要有压缩空气输出。

表 19-3 自锁控制

自锁控制回路	请列出元件名称	请简述原理
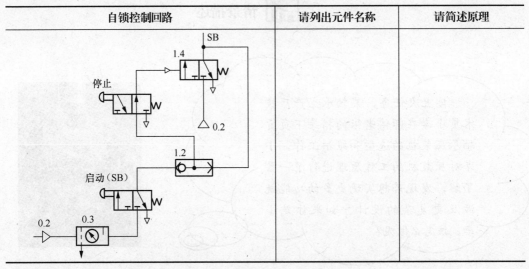		

任务实施三　探究并组建压装装置气动控制回路

压装机可以是液压或者气动，具体看压装要求。压装机随着车辆轴承的发展，也经历了更新换代。在过去数十年中，我国最常见的转向架轴承压装机是移动小车式的。移动小车式压装机优点突出——移动方便、操作过程简单。但是随着车轴与轴承的发展，轴承与轴承配合精度要求越来越高，移动小车式压装机工作进度差、失败率高，而且工人劳动强度大，逐渐被固定式压装机所取代。

压装装置的实例、示意图及工作要求如表 19-4 所示。

表 19-4 压装装置

压装装置实例	压装装置示意图	压装装置的工作要求
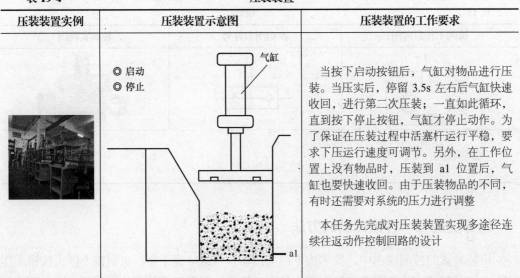		当按下启动按钮后，气缸对物品进行压装。当压实后，停留 3.5s 左右后气缸快速收回，进行第二次压装；一直如此循环，直到按下停止按钮，气缸才停止动作。为了保证在压装过程中活塞杆运行平稳，要求下压运行速度可调节。另外，在工作位置上没有物品时，压装到 a1 位置后，气缸也要快速收回。由于压装物品的不同，有时还需要对系统的压力进行调整 　本任务先完成对压装装置实现多途径连续往返动作控制回路的设计

（1）读懂换向回路原理图，完成表 19-5 空白处的内容。

表 19-5   换向回路相关任务

项　目	内　容
压装装置自动循环控制回路图	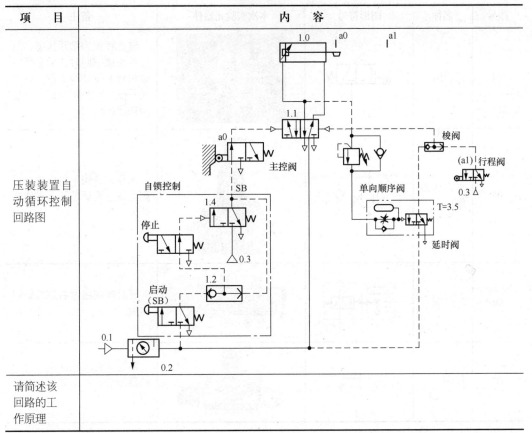
请简述该回路的工作原理	

（2）根据表 19-5 画出的气动原理简图完成试验：①准备气动元件，如表 19-6 所示；②用气管组建气动回路；③调试气动回路。

表 19-6   实施直接气动换向回路

序号	名称	图形符号	本次实验元器件	备注
01	双作用单杆缸			（三联件与气泵略）
02	双气控二位五通换向阀			该阀作为主控阀是主控制回路中的关键元件。该阀具有记忆功能，失气后会保持之前状态
03	推拉式二位三通换向阀			采用推拉式二位三通换向阀代替按钮式，实验操作时先推后拉，达到与按钮式一样的效果，也可用行程阀代替 SB

序号	名称	图形符号	本次实验元器件	备注
04	行程阀	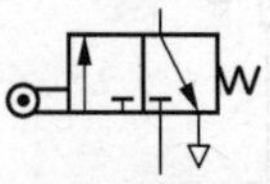	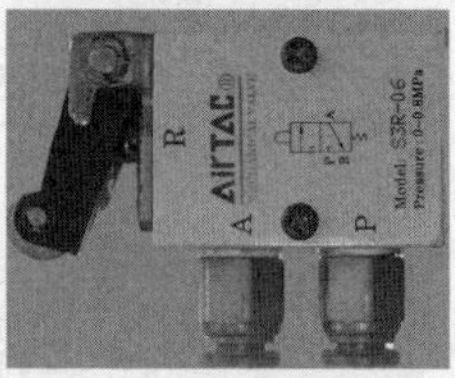	该行程阀为常开状态，气缸伸出或缩回时，活塞杆触碰机械滚轮切换工作位，滚轮不受力时弹簧弹回，恢复到初始状态
05	单向压力顺序阀	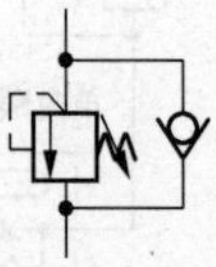		注意，该阀不可反接，否则无法达到调节压力定值的效果
06	延时阀	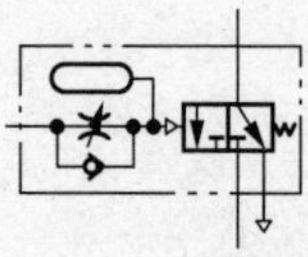	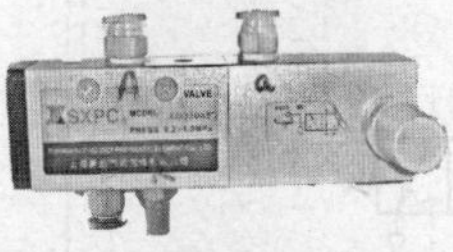	延时时间通过右侧的旋钮完成
07	梭阀	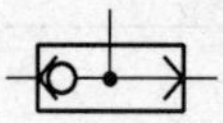		多途径连续往返动作控制回路的设计主要体现在这个阀上

实验过程如表 19-7 所示。

表 19-7 实施直接气动换向回路

准备元件	组建回路	自锁局部图
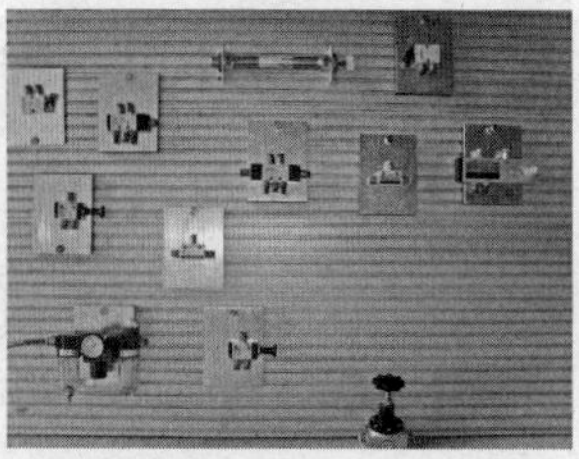		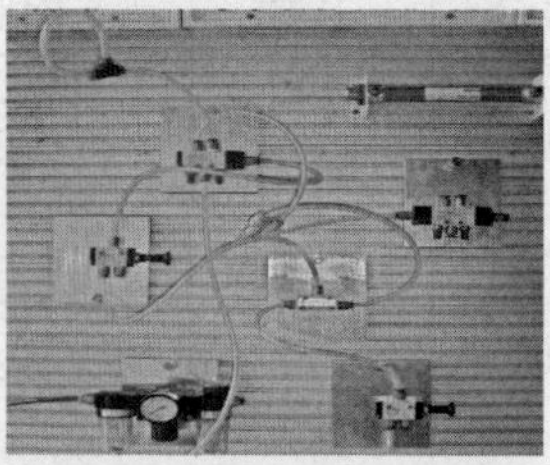
两个行程阀按道理应该一个位于活塞杆伸出位，另一个位于活塞杆缩回位。但受到实验条件的限制，左边的行程阀无法放到活塞杆缩回位，实验时用手动代替	连接完毕后，首先检查实验图是否与回路图一致，然后看各卡口是否牢固。确认无误后，可开启气源做实验。要想到达活塞的循环运动，将气缸换为双杆缸碰两边的行程阀即可	自锁装置位于二位五通换向阀左侧，本实验用单气控二位三通换向阀代替单气控二位五通换向阀（多的连接口堵死），采用推拉式二位三通换向阀代替按钮式，实验操作时先推后拉，达到与按钮式一样的效果，也可用行程阀代替

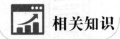 **任务考核**

请对照任务考核表（见表 19-8）评价完成任务结果。

表 19-8　　　　　　　　　　　　　　　任务考核

课程名称	气动与气动控制				任务名称		压装装置气动回路的装调（二）	
学生姓名					工作小组			
评分内容		分值	自我评分	小组评分	教师评分	得分	原因分析	
任务质量	简述梭阀的工作原理	5						
	简述自锁控制的工作原理	10						
	正确识读和绘制压装装置纯气动回路	10						
	分析压装装置纯气动回路工作原理	15						
	正确连接气动换向回路	10						
	正确调试气动换向回路	10						
团结协作		10						
劳动态度		10						
安全意识		20						
权　　重			20%	30%	50%			
总体评价	个人评语：							
	教师评语：							

　　情境链接：技术员小李通过查资料进一步了解了整个压装装置回路的设计，但他对相关元件的认识仍然比较陌生。如果你也是如此，下面的"相关知识"一定要了解。

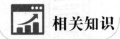 **相关知识**

相关知识一　继电器的认识

继电器是根据某种输入信号的变化，接通或断开控制电路，实现自动控制并保护电力

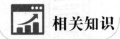

装置的自动电器。

继电器的实物图及职能符号如图 19-1 所示。

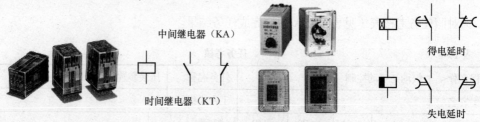

中间继电器（KA）

时间继电器（KT）

得电延时

失电延时

图 19-1　继电器的实物图及职能符号

相关知识二　压力开关

气压力达到预置设定值，电气触点便接通或断开的元件称为压力开关，有时也叫压力继电器。它可用于检测压力的大小和有无，并能发出电信号反馈给控制电路。

压力开关的实物图及职能符号如图 19-2 所示。

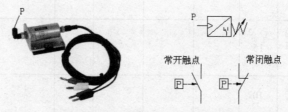

常开触点　　　　常闭触点

图 19-2　压力开关的实物图及职能符号

知识拓展

知识拓展一　安全阀的了解

安全阀（见图 19-3）相当于液压系统中的溢流阀。它在气动系统中限制回路中的最高压力，防止管路破裂及损坏，起着过载保护的作用。

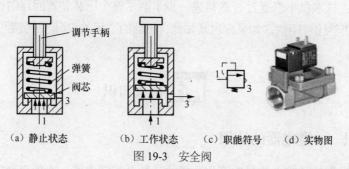

调节手柄

弹簧

阀芯

（a）静止状态　　　（b）工作状态　　　（c）职能符号　　　（d）实物图

图 19-3　安全阀

知识拓展二　气动在生产生活中的应用

1. 气动技术在工业生产中的应用

气动技术在工业生产过程中主要承担上下料、整列、搬运、定位、固定夹紧、组装等作业以及清扫、检测等工作。这些工作可直接利用气体射流、利用真空系统、利用气动执行器（气缸、气马达等）来完成。

2. 在运输工具上的应用

火车、地铁、汽车飞机等交通运输工具上广泛使用气动技术。例如，地铁、汽车的开关门；汽车的制动系统；高速列车轮轨间喷脂润滑系统；电力机车受电弓气控系统；高速列车主动悬挂系统；缆车弯道倾斜装置；轿车后盖支撑杆；螺旋桨由顶部空气喷嘴驱动的直升飞机；等等。

3. 农牧业上的应用

气动萝卜收割机，可以完成拔萝卜，以及对萝卜分类、计数和捆扎操作。在种植蔬菜的温室中，用气动技术来驱动风扇、洒水、喷农药等作业。用气动喷嘴配合光电传感器来精选米粒、去除谷壳和次品米粒。此外，还可以用气动机器人挤牛奶。

4. 在医疗、保健、福利事业中的应用

在人工呼吸器、人工心肺机、人工心脏等人工器官中，都直接或间接地将气动技术用于驱动和控制等。在疾病诊断方面，利用气动技术间接地测量血压、眼压等，避免直接接触人体器官造成伤害。气动按摩器用空气压力按摩手、脚等，对消除运动后的肌肉疲劳效果甚好。现已开发了用于残疾人或重病人的气动假腿、气动辅助椅子、气动护理机器人。柔性气动执行元件和小型压缩机的开发为气动技术在医疗护理和福利事业方面应用开拓了广阔前景。

5. 在体育、娱乐上的应用

水深可调游泳池是通过升降池底来调节池中的水深，以适应不同的竞赛项目。采用气动系统升降池底，不会漏电，保证安全。气动跟踪摄像机系统设置在体育馆内，能自始至终的跟踪摄下运动员运动全过程，与电动相比效果更好。在迪斯尼乐园等娱乐场所，有许多仿真人物、动物的模型。这些模型动作逼真，使游人有身临其境的感觉。它们都是由电脑控制的声像装置和液压、气动、电动装置的组合。

6. 在教育、培训中的应用

中医大夫通过搭脉来诊断疾病，完全依靠个人经验，传授难度大。现在开发了脉波模拟教仪后，可将病人的脉搏记录下来，并通过电—气比例阀系统将电信号转换成空气压力，用空气压力变化再现脉搏于仿真手臂。这对加快提高搭脉医术有很大好处。飞机驾驶培训中所用的座椅，用若干台膜片气缸来模拟垂直或左右加速时身体下沉或摆动情况，锻炼飞行员在飞行时的适应能力。除以上领域外，气动技术还用于储仓中物品的进出、街道清扫、垃圾处理、环境清洁等方面。

任务20
压装装置气动回路的装调（三）

◆ **本任务学习目标**

1. 掌握单向节流阀的结构、工作原理及图形符号。

2. 掌握快速排气阀的结构、工作原理、图形符号及速度控制回路。

3. 掌握减压阀的的结构、工作原理及图形符号。

◆ **本任务建议课时**

4 学时

◆ **本任务工作流程**

1. 导入新课。

2. 检查学生完成导读工作页的情况。

3. 对照节流阀、减压阀、快速排气阀实物，进行元件识别。

4. 组织学生学习气动回路工作原理并按回路图连接实物实验。

5. 巡回指导学生实习。

6. 结合节流阀、减压阀、快速排气阀实物及气动应用影像资料，进行理论讲解。

7. 组织学生"拓展问题"讨论。

8. 本任务学习测试。

9. 测试结束后，组织学生填写活动评价表。

10. 小结学生学习情况。

◆ **本任务所需器材**

1. 设备：气动试验台 8 台。

2. 气动元件：在上次实验基础上增加节流阀、减压阀、快速排气阀。

3. 气动辅件：气动三联件、气动工作站（气泵、气源）。

课前导读

请完成表 20-1 中的内容。

表 20-1　　　　　　　　　　　　　　　　课前导读

序号	实施内容	答案选择		
01	快速排气阀有几个接口	1 个 □	2 个 □	3 个 □
02	有杆腔一侧串联的单向节流阀反接有什么后果	与实验意图有关 □ 杆伸出速度可调 □ 杆缩回速度可调 □		
03	本实验主气路中串联的减压阀可调节的最大压力取决于什么	气泵提供的压力 □ 大气压 □ 二/三联件中减压阀调节的压力 □		
04	下图是什么阀 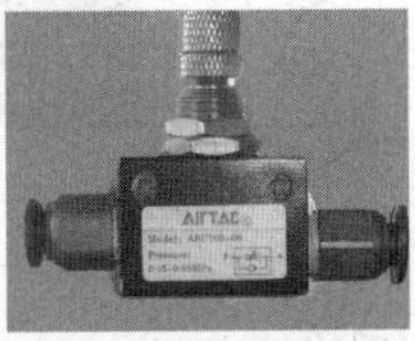 	梭阀 □	节流阀 □	单向阀 □
05	本实验所需元件的数量（除去气源、三联件、气管及接头）为多少个	13 □	14 □	15 □
06	单向节流阀的符号是什么	□	□	
07	节流阀能否当减压阀使用	可以 □	不可以 □	看情况 □
08	煤气瓶上带有什么阀	节流阀 □	减压阀 □	单向阀 □
09	煤气打开时听到"喊"地一声来源于哪个阀	节流阀 □	减压阀 □	单向阀 □
10	煤气灶的火力调节旋钮相当于什么阀	节流阀 □	减压阀 □	调速阀 □
11	单向节流阀装在有杆腔一边的目的是什么	让气缸平稳伸出 □ 让气缸平稳收回 □ 让气缸平稳伸出和收回 □		
12	减压阀与顺序阀的区别是什么	减压阀导通时进出口压力有变化 □ 顺序阀导通时进出口压力有变化 □ 减压阀能量损失大 □ 顺序阀能量损失大 □ 减压阀导通后可能因压力变化又关闭 □ 顺序阀导通后可能因压力变化又关闭 □		

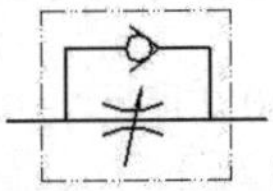

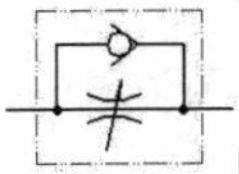

情景描述

接上次任务，某轴承生产厂技术员小李在师傅老张的指导下负责轴承压装机的选型和维护工作，小李对压装机的工作原理进行了一番了解，发现若想实现更多的功能就涉及更复杂的设计，如果你是小李，该怎么做呢？

任务实施

任务实施一　单向节流阀的了解及速度回路的控制方式

单向节流阀的介绍如表 20-2 所示。

表 20-2　　　　　　　　　　　　　　单向节流阀

单向节流阀工作原理图	单向节流阀图形符号、实物	单向节流阀说明
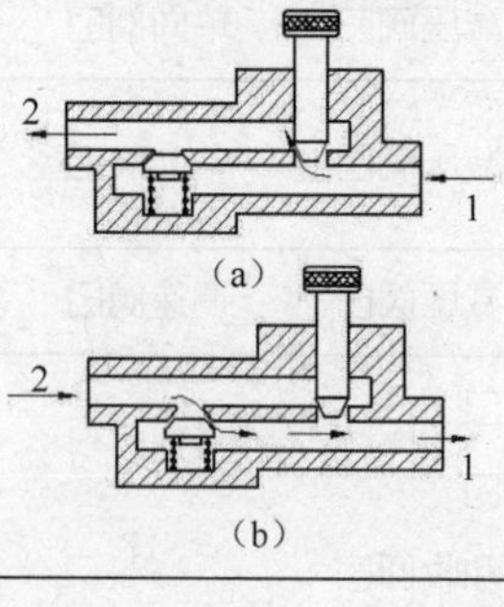 (a) (b)	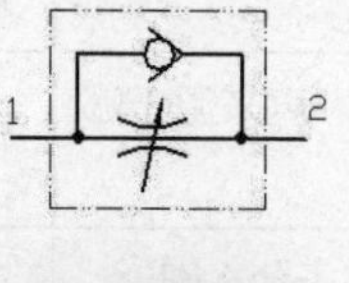 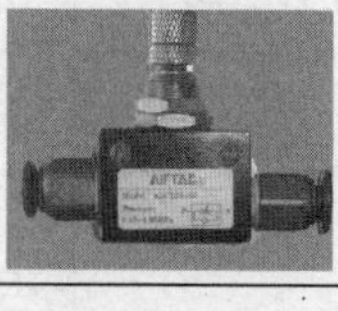	单向节流阀是由单向阀和节流阀并联而成的组合式流量控制阀，一般安装在主控阀和执行元件之间，用于速度控制。在压装置中，压装速度可以用单向节流阀来控制

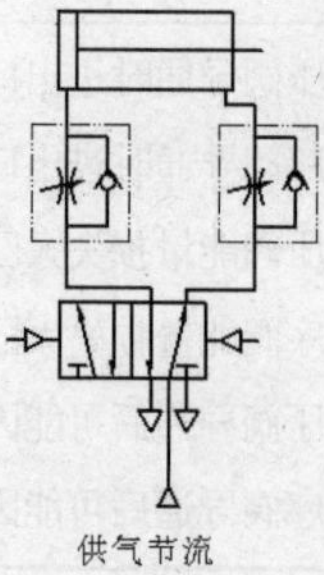

供气节流 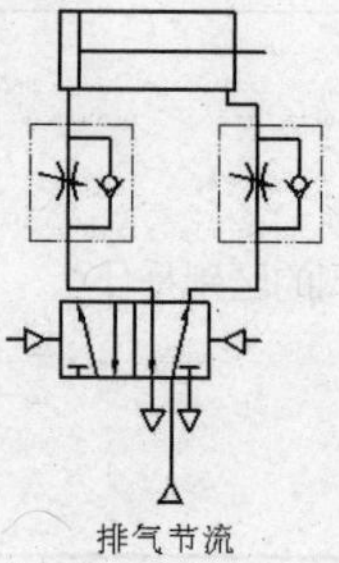　　　　　　　　　　　排气节流

任务实施二　了解快速排气阀

快速排气阀的介绍如表 20-3 所示。

表 20-3　快速排气阀

快速排气阀工作原理图	快速排气阀图形符号、实物	快速排气阀说明
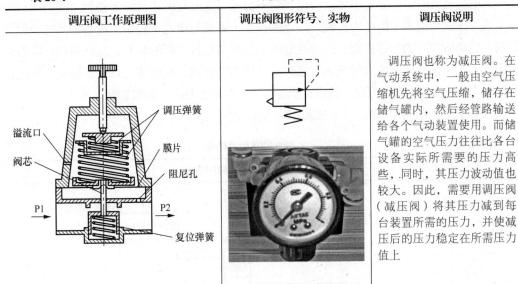		快速排气阀是为了使气缸快速排气，加快气缸的运动速度而设置的。它也称为快排阀，一般安装在换向阀和气缸之间，它属于方向控制阀中的派生阀

任务实施三　了解调压阀

调压阀的介绍如表 20-4 所示。

表 20-4　调压阀

调压阀工作原理图	调压阀图形符号、实物	调压阀说明
调压弹簧　膜片　阻尼孔　溢流口　阀芯　P1　P2　复位弹簧		调压阀也称为减压阀。在气动系统中，一般由空气压缩机先将空气压缩，储存在储气罐内，然后经管路输送给各个气动装置使用。而储气罐的空气压力往往比各台设备实际所需要的压力高些，同时，其压力波动值也较大。因此，需要用调压阀（减压阀）将其压力减到每台装置所需的压力，并使减压后的压力稳定在所需压力值上

任务实施四　探究并组建压装装置的最终控制回路

发展至今日，固定式压装机功能已经十分强大。在压装开始时，操作人员可将轴号、轴型、轴承号及左右端分别输入控制系统。依照修造工艺的标准，可采用轴承压装自动选配系统，利用主控机上的传感器和测具，获得轴承与轴颈的各项技术参数。气动控制相对于液压控制存在一些不足，但其优点也是显而易见的，许多流水线上的压装工作都尽可能用气动控制来完成。

压装装置的介绍如表 20-5 所示。

表 20-5 压装装置

压装装置实例	压装装置示意图	压装装置的工作要求
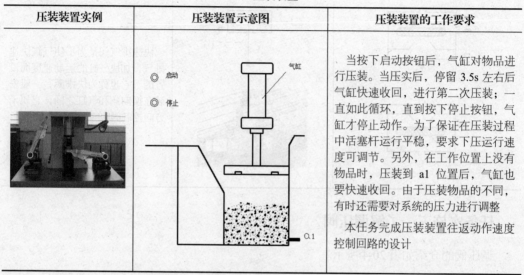		当按下启动按钮后，气缸对物品进行压装。当压实后，停留 3.5s 左右后气缸快速收回，进行第二次压装；一直如此循环，直到按下停止按钮，气缸才停止动作。为了保证在压装过程中活塞杆运行平稳，要求下压运行速度可调节。另外，在工作位置上没有物品时，压装到 a1 位置后，气缸也要快速收回。由于压装物品的不同，有时还需要对系统的压力进行调整 本任务完成压装装置往返动作速度控制回路的设计

从压装装置的工作要求中可以看出，它不但需要完成时间（延时）控制、压力达到所需要求（压实与调压）的压力控制、运动的速度（可调与快退）控制、没有物品时的位置控制、启动按钮时的自锁控制，还要注意压力控制与位置控制的联系。这些控制可以借助调压阀、快速排气阀、单向节流阀、延时阀、压力顺序阀、梭阀等元器件来完成，因此，需要对这些元器件的工作原理、特点、职能符号等有较全面的了解和掌握。

（1）读懂换向回路原理图，完成表 20-6 空白处的内容。

表 20-6 换向回路相关任务

气动换向回路	
控制信号与执行元件的关系图	SB ④　主控阀　1.0　伸出 ① (a1)　1 压实 ② P　T=3.5　③ S　0　退回
请根据控制信号与执行元件的关系图，叙述该回路的工作原理：	

气动换向回路	
气动换向回路原理图	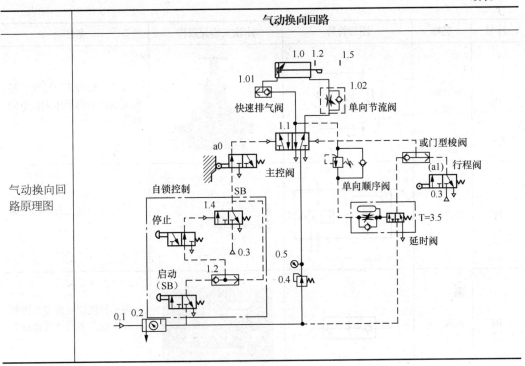

（2）根据表 20-6 画出的气动原理简图完成试验：①准备气动元件，如表 20-7 所示；②用气管组建气动回路；③调试气动回路。

表 20-7　　　　　　　　　　　　实施直接气动换向回路

序号	名称	图形符号	本次实验元器件	备注
01	双作用单杆缸			（三联件与气泵略）
02	双气控二位五通换向阀			该阀作为主控阀是主控制回路中的关键元件。该阀具有记忆功能，失气后会保持之前的状态
03	推拉式二位三通换向阀			本实验采用推拉式二位三通换向阀。该阀采用钢球定位，每个动作会自动保持，未接管的口直接排气（本实验气压较低，否则应加装消声器）
04	行程阀			该行程阀为常开状态，气缸伸出或缩回时，活塞杆触碰机械滚轮切换工作位，滚轮不受力时弹簧弹回，恢复到初始状态

序号	名称	图形符号	本次实验元器件	备注
05	单向顺序阀	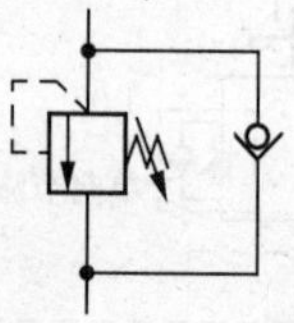		注意，该阀不可反接，否则无法达到调节压力定值的效果
06	延时阀	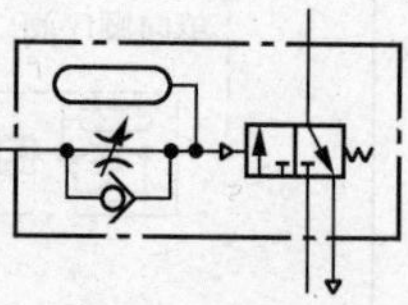	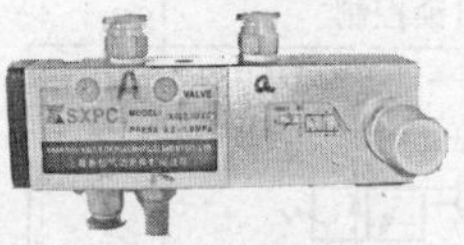	延时时间通过右侧的旋钮完成
07	梭阀	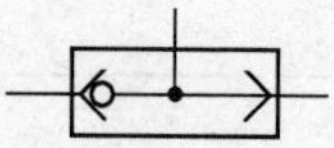		多途径连续往返动作控制回路的设计主要体现在这个阀上
08	单向节流阀		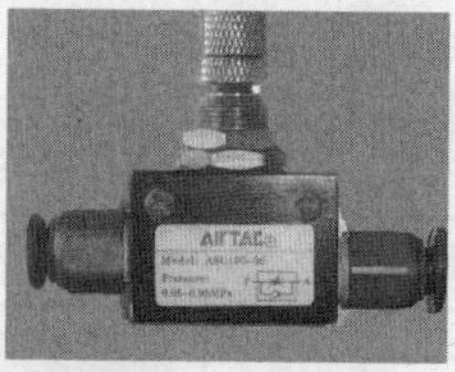	气缸活塞伸出时，单向节流阀起到调速作用
09	快速排气阀	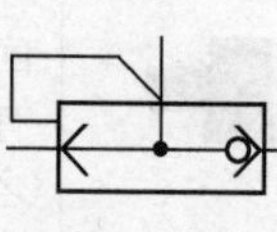		气缸活塞缩回时，快速排气阀让这个动作更快
10	减压阀	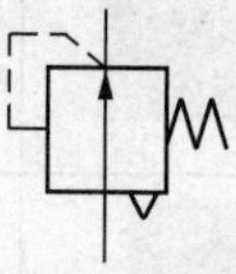		减压阀串联在主气路中，以控制主气路的工作压力

实验过程如表 20-8 所示。

表 20-8　　　　　　　　　　　　　　实施直接气动换向回路

准备元件	组建回路	主气路局部图

按道理，两个行程阀应该一个位于活塞杆伸出位，另一个位于活塞杆缩回位。但受到实验条件的限制，左边的行程阀无法放到活塞杆缩回位，实验时用手动代替	连接完毕后，首先检查实验图是否与回路图一致，然后看各卡口是否牢固。确认无误后可开启气源做实验。要想到达活塞的循环运动，将气缸换为双杆缸即可	主气路增加了减压阀，可靠性更高。快速排气阀让气缸的动作更加干净利落

 任务考核

请对照任务考核表（见表 20-9）评价完成任务结果。

表 20-9　　　　　　　　　　　　　　任务考核

课程名称	气动与气动控制				任务名称		压装装置气动回路的装调（三）
学生姓名					工作小组		
评分内容		分值	自我评分	小组评分	教师评分	得分	原因分析
任务质量	简述单向节流阀的结构原理	5					
	简述快速排气阀的结构及工作原理	10					
	简述调压阀的结构及工作原理	10					
	分析最终压装回路工作原理	15					
	正确连接气动换向回路	10					
	正确调试气动换向回路	10					
团结协作		10					

续表

评分内容	分值	自我评分	小组评分	教师评分	得分	原因分析
劳动态度	10					
安全意识	20					
权　重		20%	30%	50%		
总体评价	个人评语：					
	教师评语：					

情境链接：技术员小李终于了解了整个压装装置最终纯气动回路的设计，他还绘制出了压装装置的时间—位移—步骤图，以及控制信号与执行元件的关系图。另外，他还参考了压装装置的电气综合控制回路设计，下面来了解一下。

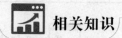 相关知识

相关知识　压装装置的时间—位移—步骤图

压装装置的时间—位移—步骤图如图 20-1 所示。

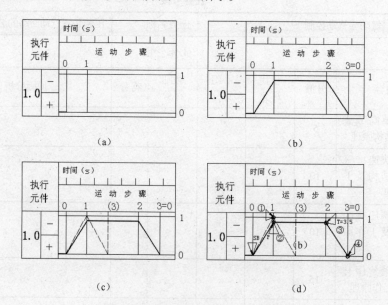

图 20-1　压装装置的时间—位移—步骤图

根据控制方式的不同，程序控制可分为：时间程序控制、行程程序控制及混合程序控制。时间程序控制是指各执行元件的动作顺序按时间顺序进行的一种自动控制方式。时间信号通过控制线路，按一定的时间间隔分配给相应的执行元件，令其产生有顺序的动作，

它是一种开环的控制系统。行程程序控制一般是一个闭环程序控制系统，它是前一个执行元件动作完成并发出信号后，才允许下一个动作进行的一种自动控制方式。行程程序控制系统包括行程发信装置、执行元件、程序控制回路和动力源等部分。

运动图：用来表示执行元件的动作顺序及状态。按其坐标表示不同可分为：位移—步骤图；位移—时间图。以下为本次实验的位移—时间图。

 **知识拓展**

知识拓展　电气综合控制回路设计

主控回路选用 5/2 电磁换向阀作为末级主控元件。为了调速平稳选用回气节流调速回路，气缸的快退用快速排气阀来实现，在压紧控制中选用压力开关作为从压力到电信号的转换。

电器综合控制回路，如图 20-2 所示。

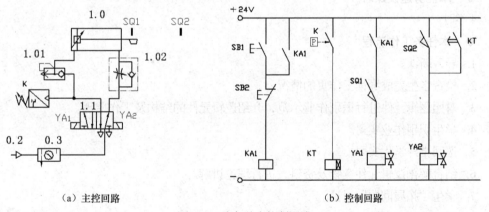

（a）主控回路　　　　　　　　　（b）控制回路

图 20-2　电气综合控制回路

任务21
选料装置气动回路的装调

◆ **本任务学习目标**

1. 了解气动逻辑元件的种类。

2. 掌握基本逻辑元件的结构原理及逻辑表达式。

3. 掌握逻辑回路的真值表达方式。

4. 能对逻辑式计算并进行简化。

5. 掌握逻辑回路的设计方法。

◆ **本任务建议课时**

4 学时

◆ **本任务工作流程**

1. 导入新课。

2. 检查学生完成导读工作页的情况。

3. 对照逻辑元件进行识别作业示范，介绍逻辑元件的结构及工作原理。

4. 学生识别作业实习。

5. 巡回指导学生实习。

6. 结合解剖逻辑元件实物及资料，进行理论讲解。

7. 学生"拓展问题"讨论。

8. 本任务学习测试。

9. 测试结束后，学生填写活动评价表。

10. 小结学生学习情况。

◆ **本任务所需器材**

1. 设备：电气气压试验台。

2. 气压元件：气源装置、气动三联件、梭阀、双压阀、换向阀 3 个。

3. 气压辅件：气管多根。

课前导读

请完成表 21-1 中的内容。

序号	实施内容	答案选择		
01	气动系统常用的逻辑元件为哪个	非门 □	与门 □	或非门 □
02	是门的逻辑表达式为什么	$Y=A$ □	$Y=\bar{A}$ □	
03	 是哪个逻辑元件的图形符号	非门 □	与门 □	是门 □
04	双压阀相当于两个单向阀的组合，有两个输入口和一个输出口，其作用相当于什么	非门 □	与门 □	是门 □
05	将"非"门的气源口改为信号口 B，则该元件就成为什么元件	非门 □	禁门 □	是门 □
06	梭阀又称是什么	与门 □	禁门 □	或门 □
07	是哪个元件的逻辑符号	非门 □	与门 □	是门 □
08	逻辑元件没有记忆功能	对□	错□	
09	禁门的逻辑符号是什么	□	□	
10	或门也就是通常说的梭阀	对□	错□	
11	是哪个逻辑元件的图形符号	非门 □	与门 □	是门 □
12	双稳的逻辑表达式是什么	$Y=A$ □	$Y_2=\bar{Y_1}$ □	

（注：第07题逻辑符号 A ⊐ Y，第09题逻辑符号 A、B ⊐ Y 和 A、B ⊕ Y，第11题图形符号 A→ W、B）

📈 **情景描述**

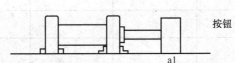

a1

按钮 ◎ A
◎ B
◎ C

下图所示为选料装置中具有逻辑功能的工作示意图，用三个按钮来控制执行气缸。它的工作要求为：三个控制按钮只要任意两个按钮都有信号发出，气缸就伸出，到 a1 的位置后，返回到初始位置；如果只有其中一个按钮有信号发出，气缸不动作。本任务要求根据该工作要求设计选料装置的控制回路。如何分析设计呢？不妨看看下面的知识就知道了。

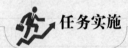 **任务实施**

任务实施一　了解逻辑元件

（1）逻辑元件按工作压力不同可以分为哪些？

答：逻辑元件按工作压力可以分为_____、_____和_____。

（2）逻辑元件按结构形式不同可以分哪些？

答：逻辑元件按结构形式不同可以分为_____、_____、_____、和_____。

任务实施二　探究逻辑元件的种类

根据逻辑元件的不同类型，请完成表 21-2 空白处的内容。

表 21-2　　　　　　　　　　　　是门、与门和非门的相关任务

	是门	与门	非门	或门	禁门	双稳
图形符号						
逻辑符号						
逻辑表达式						

任务实施三　　探究逻辑回路的设计

1. 列出逻辑状态表

选料装置有三个按钮，分别为 A、B、C，输出信号为 Y。有信号输入为"1"，没有信号输出为"0"。根据分料装置的控制要求，列出逻辑状态表，完成表 21-3 空白处的内容。

表 21-3　　　　　　　　　　　　　选料装置逻辑状态表

A	B	C	Y
0	0	0	
1	0	0	
0	1	0	
0	0	1	
1	1	0	
1	0	1	
0	1	1	
1	1	1	

2. 根据逻辑状态表写出逻辑表达式

（1）先确定变量，将表达式填入表 21-4。

表 21-4　　　　　　　　　　　　选料装置逻辑表达式表

A	B	C	Y	表达式为：
1	0	1	1	

（2）再确定选料装置的逻辑表达式。

$$Y = \overline{A}BC + A\overline{B}C + AB\overline{C} + ABC$$

3. 根据逻辑代数运算法则简化表达式

将表达式化简。

$$Y = AB\overline{C} + A\overline{B}C + \overline{A}BC + ABC$$
$$=$$
$$=$$
$$=$$

4. 根据逻辑表达式设计控制回路图

画出图 21-1 中空白处的元件。

任务实施四　组建逻辑回路

根据图 21-1 画出的逻辑控制回路简图完成试验：①准备气动元件，如表 21-5 所示；②用气管组建气压回路；③调试气压回路。

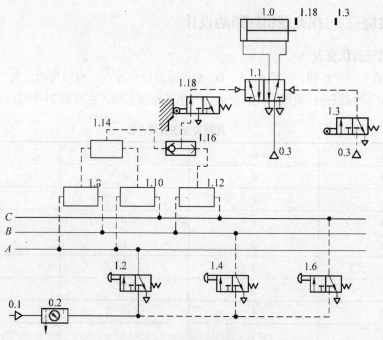

图 21-1　逻辑控制回路图

表 21-5　　　　　　　　　　　　　　实施逻辑控制回路

序号	名称	图形符号	本次实验元器件	备注
01	气动工作站（气泵、气源）			本空压机提供的空气压力为 0.8MPa 左右，冷却则采用风冷，实验完毕要求将供气阀门关闭
02	气动三联件			三联件中间的减压阀可减压，左侧为过滤器，右侧为油雾器（图中的油雾器缺油）
03	二位三通行程阀			此阀通过机械力进行换向

序号	名称	图形符号	本次实验元器件	备注
04	按钮式二位三通气动换向阀	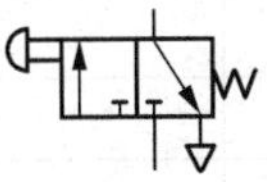	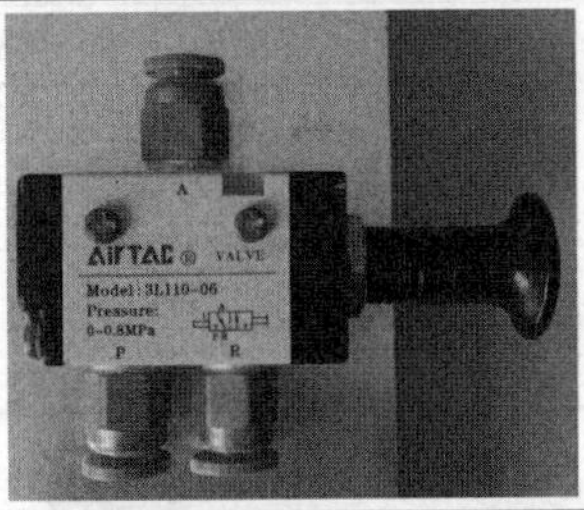	手动式分为按钮式、顶杆式、手柄式、脚踏式等,本实验选按钮式
05	二位五通双气控换向阀	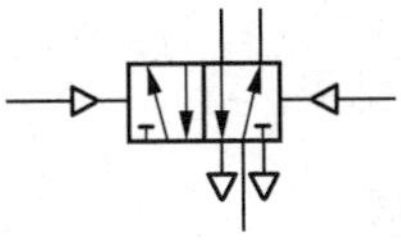		此阀左右两边均通入气体控制
06	梭阀	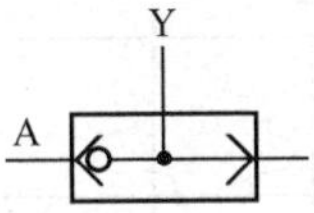		本实验选用 2 个梭阀,分别与 3 个双压阀两两相连
07	双压阀	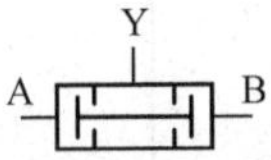		本实验选用 3 个双压阀,分别与 3 个二位三通阀两两相连

实验过程

准备元件	组建调试回路
	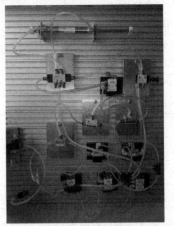

记录实验数据

操作步骤	阀 1.8	阀 1.18	阀 1.1	气缸

续表

记录实验数据				
操作步骤	阀 1.8	阀 1.18	阀 1.1	气缸
按下阀 1.2 与阀 1.4	开启	右位	左位	伸出
按下阀 1.2 与阀 1.6				
按下阀 1.4 与阀 1.6				
碰撞阀 1.3				

任务考核

请对照任务考核表（见表 21-6）评价完成任务结果。

表 21-6 　　　　　　　　任务考核

课程名称	液压与气动控制				任务名称	装调选料装置气动回路	
学生姓名					工作小组		
评分内容		分值	自我评分	小组评分	教师评分	得分	原因分析
任务质量	简述逻辑元件的分类和作用	5					
	简述各种逻辑阀的结构及工作原理	10					
	正确识读和绘制不同类型逻辑阀的职能符号	10					
	分析逻辑控制回路工作原理	15					
	正确设计逻辑控制回路	10					
	正确调试逻辑控制回路	10					
团结协作		10					
劳动态度		10					
安全意识		20					
权　　重			20%	30%	50%		
总体评价	个人评语：						
	教师评语：						

相关知识一　了解逻辑控制阀

现代气动系统中的逻辑控制大多用 PLC 来实现，但是在防爆防火要求特别高的场合，常用到一些气动逻辑元件。气动逻辑元件是一种以压缩空气为工作介质，通过元件内部可动部件（如膜片、阀芯）的动作，改变气流流动的方向，从而实现一定逻辑功能的气体控制元件。气动逻辑元件按工作压力分为高压（0.25～0.8MPa）、低压（0.055～0.2MPa）、微压（0.005～0.05MPa）三种。按结构形式不同可分为截止式、膜片式、滑阀式和球阀式等类型。

相关知识二　逻辑控制阀的功用和分类

（1）是门元件："是"的逻辑含义就是在控制的时候，只要有控制信号输入，就有信号输出；如果没有控制信号输入，则没有信号输出。在气动控制系统中"是"的逻辑含义就是指有控制信号就有压缩空气输出，没有控制信号就没有压缩空气输出。

（2）非门元件："非"的逻辑含义与"是"相反，就是当有控制信号输入时，没有压缩空气输出；当没有控制信号输出时，有压缩空气输出。

（3）与门元件："与"的逻辑含义是，如果 AB 两个输入端口同时输入信号，那么才有信号输出；若 AB 各有一个输入、或者是都没有输入信号，则无信号输出。也就是通常说的双压阀。

（4）或门元件："或"门元件也有两个输入控制信号和一个输出信号。它的逻辑含义是，只要有任何一个控制信号输入，就有信号输出。也就是通常说的梭阀。

（5）禁门元件："禁"门元件的逻辑意义是在 A、B 均有输入信号时，Y 口无输出；在 A 无信号输入，而 B 有信号输入时，S 口有输出。即 A 输入信号对 B 输入信号起禁止作用。

（6）双稳元件：当 A 有控制信号输入时，接通气源与 Y_1 之间的通路，Y_1 口有输出，而 Y_2 与排气孔相通，无输出。在控制端 B 的输入信号到来之前，A 信号虽消失，阀芯仍保持在右端位置，故 Y_1 口总是有输出。当 B 有输入信号时，则气源与 Y_2 之间相通，Y_2 口有输出，Y_1 与排气孔相通，此时元件置于"0"状态。同理，在 B 信号消失后，A 信号未到来前，元件一直保持此状态，Y_2 口总有输出。因此，该元件具有记忆功能，属记忆元件。注意，在使用中不能在"双稳"元件的两个输入端同时输入信号，否则元件处于不定工作状态。

常见逻辑元件的图形符号和功用如表 21-7 所示。

表 21-7　　　　　　　　常见逻辑元件的图形符号和功用

名称	表达式	图形符号	逻辑符号	真值表	
				Y	A
是门	Y=A			1	1
				0	0

名称	表达式	图形符号	逻辑符号	真值表		
非门	$Y = \overline{A}$			Y	A	
				1	0	
				0	1	
与门	$Y = A \cdot B$			A	B	Y
				1	1	1
				1	0	0
				0	1	0
				0	0	0
或门	$Y = A + B$			A	B	Y
				1	1	1
				1	0	1
				0	1	1
				0	0	0
禁门	$Y = \overline{A}B$			A	B	Y
				1	0	0
				0	1	1
				1	1	0
				0	0	0
双稳	$Y_1 = (A+K)$ $Y_2 = \overline{Y_1}$			A	B	Y_1	Y_2
				0	1	0	1
				0	0	0	1
				1	0	1	0
				0	0	1	0

相关知识三　逻辑回路的设计

1. 列出逻辑状态表

选料装置有三个按钮，分别为 A、B、C，输出信号为 Y。有信号输入为"1"，没有信号输出为"0"。根据分料装置的控制要求，列出逻辑状态表（见表21-8）。

表 21-8　　　　　　　　　　　　选料装置逻辑状态表

A	B	C	Y
0	0	0	0
1	0	0	0
0	1	0	0
0	0	1	0

A	B	C	Y
1	1	0	1
1	0	1	1
0	1	1	1
1	1	1	1

2. 根据逻辑状态表写出逻辑表达式

（1）先确定变量。

A	B	C	Y	
1	0	1	1	表达式为：Y=ABC

（2）再确定选料装置的逻辑表达式。

$$Y = \overline{A}BC + A\overline{B}C + AB\overline{C} + ABC$$

3. 根据逻辑代数运算法则简化表达式

$$Y = AB\overline{C} + A\overline{B}C + \overline{A}BC + ABC$$
$$= AB\overline{C} + A\overline{B}C + \overline{A}BC + ABC + ABC + ABC$$
$$= AB\overline{C} + ABC + A\overline{B}C + ABC + \overline{A}BC + ABC$$
$$= AB(\overline{C} + C) + AC(\overline{B} + B) + BC(\overline{A} + A)$$
$$= AB + AC + BC$$

4. 根据逻辑表达式设计控制回路图，如图21-2所示。

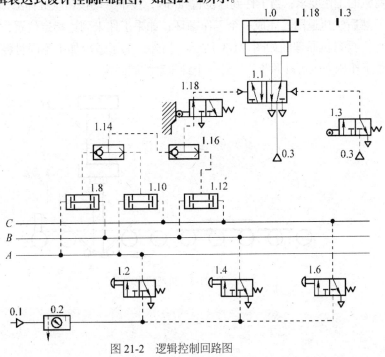

图 21-2　逻辑控制回路图

相关知识四　组建逻辑控制回路步骤

（1）参照回路的逻辑控制回路原理图（见图 21-2），找出所需的气压元件，逐个安装到实验台上。

（2）参照回路的逻辑控制回路实施（见表 21-5），将安装好的元件用气管进行正确的连接，并与泵站相连。

（3）全部连接完毕由老师检查无误后，接通电源，对回路进行调试：

① 启动泵站前，先检查减压阀是否打开；

② 启动泵，按下阀 1.2 和阀 1.4，观察缸是否伸出，并记录在表 21-5 中；

③ 按下阀 1.2 和阀 1.6，观察缸是否伸出，并记录在表 21-5 中；

④ 按下阀 1.4 和阀 1.6，观察缸是否伸出，并记录在表 21-5 中；

⑤ 当活塞杆碰到阀 1.3，观察缸伸出还是缩回，并记录在表 21-5 中。

（4）实验完毕后，应先停止气泵工作，经确认回路中压力为零后，取下连接气管和元件，归类放入规定的抽屉中或规定的地方。

　　　　　　　　　　知识拓展

知识拓展　折弯机的气动系统设计

折弯机的工作要求：当工件到达位置 a_1 时，按下气动按钮气缸伸出，将工件按设计要求折弯，然后快速退回，完成一个工作循环；如果工件未到达指定位置，按下按钮气缸也不能动作。折弯机原理图如图 21-3 所示。另外，为了适应加工不同材料或直径的工件需求，系统工作压力应可以调节。设计一个纯气动控制回路。

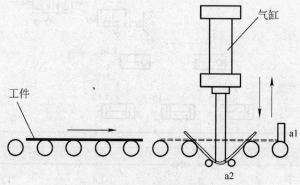

图 21-3　折弯机原理图

任务22
检测装置气动回路的装调

◆　**本任务学习目标**

1. 了解双缸控制回路的设计方法。

2. 掌握行程程序图的表示方法及设计方法。

3. 掌握逻辑原理图的设计原理及方法。

4. 掌握信号－状态图的设计方法。

◆　**本任务建议课时**

4学时

◆　**本任务工作流程**

1. 导入新课。

2. 检查学生完成导读工作页的情况。

3. 分析流水线上检测装置的工作要求。

4. 学生识别作业实习。

5. 巡回指导学生实习。

6. 结合实物及资料，进行理论讲解。

7. 学生"拓展问题"讨论。

8. 本任务学习测试。

9. 测试结束后，学生填写活动评价表。

10. 小结学生学习情况。

◆　**本任务所需器材**

1. 设备：电气气压试验台。

2. 气压元件：气源装置、气动三联件、梭阀、单向节流阀阀、快速排气阀、换向阀3个。

3. 气压辅件：气管多根。

　　课前导读

请完成表22-1中的内容。

表 22-1　　　　　　　　　　　　　课前导读

序号	实施内容	答案选择		
01	闭环控制系统是气动自动化设备上使用最广泛的一种方法	对 □	错 □	
02	行程程序的文字表示方法中"1"表示什么	活塞杆伸出 □	活塞杆缩回 □	
03	控制 A 缸的主控阀用什么来表示	FA □	ZA □	
04	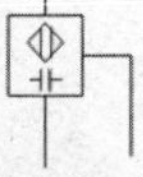 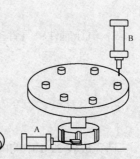（此处为符号图）表示哪种接近开关	电容式 □	电感式 □	电阻式 □
05	接近开关是属于传感器的一种类型	对 □	错 □	
06	控制系统可以按什么分类	按信号类型 □　　按控制方式 □　按控制方式 □		
07	主控阀通常具有记忆能力	对 □	错 □	
08	在绘制信号—动作状态图时，O 表示起点，× 表示终点	对 □	错 □	
09	用哪种阀来控制活塞杆的前伸速度	单向节流阀 □	快速排气阀 □	
10	用哪种阀来加快活塞杆的回退速度	单向节流阀 □	快速排气阀 □	
11	快速排气阀的实物图是哪个	（实物图）□	（实物图）□	
12	接近开关与活塞杆的距离应控制在 3cm 左右	对 □	错 □	
13	在本任务气动回路设计中采用的方法属于程序控制中的行程控制	对 □	错 □	

📊 情景描述

右图为流水线上检测装置的工作示意图。圆形工作台上有 6 个工位，气缸 B 是检测气缸，对工件进行检测；气缸 A 是工作气缸，它每伸出一次，使工作台转过一定的角度。检测装置的工作要求是：气缸 A 伸出→气缸 B 伸出→气缸 A 退回→气缸 B 退回。本任务要求设计满足该检测装置工作要求的控制回路。如何分析设计呢？

任务实施

任务实施一　了解行程程序的文字表示方法

（1）执行元件用什么来表示？

答：执行元件用＿＿＿＿＿＿＿＿来表示。用下标"1"表示气缸活塞杆的＿＿＿＿＿＿＿＿＿状态，用下标"0"表示气缸活塞杆的＿＿＿＿＿＿＿＿状态。

（2）主控阀的表示方法是什么？

答：主控阀用＿＿＿＿＿＿＿＿表示，其＿＿＿＿＿＿＿＿为其控制的气缸号。

任务实施二　探究接近开关

根据接近开关的相关内容，请完成表 22-2 空白处的内容。

表 22-2　　　　　　　　　　　　接近开关相关任务

接近开关		
功用		
类型		
实物图 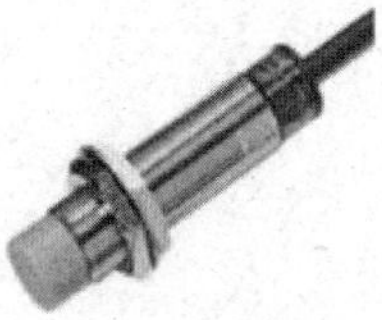 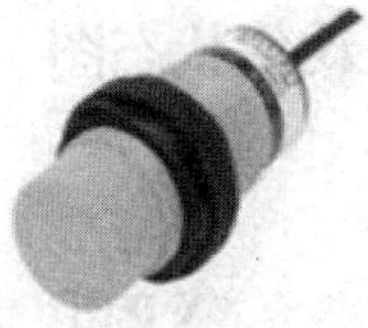 		

任务实施三　探究检测装置的位移—步骤图

请将表 22-3 补充完整，并画出控制信号。

表 22-3　　　　　　　　　　　　检测装置的位移—步骤表

功能说明	执行元件		运动步骤
转动缸（A）	1.0	+	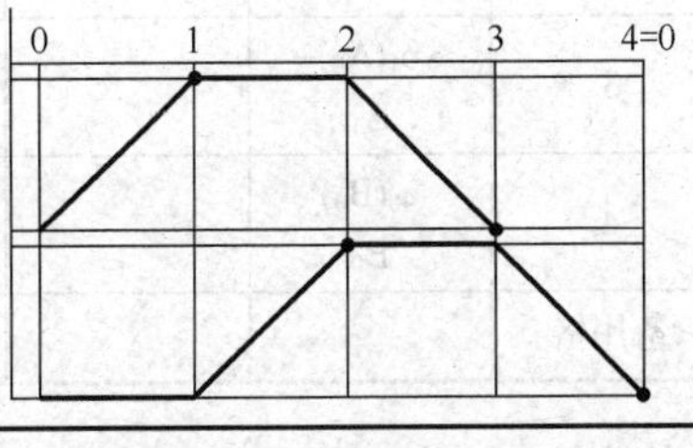
		−	
测量缸（B）	2.0	+	
		−	

任务实施四　绘制行程程序框图

读懂行程程序框图，完成表 22-4 空白处的内容。

表 22-4　　　　　　　　　　行程程序框图相关任务

行程	步骤
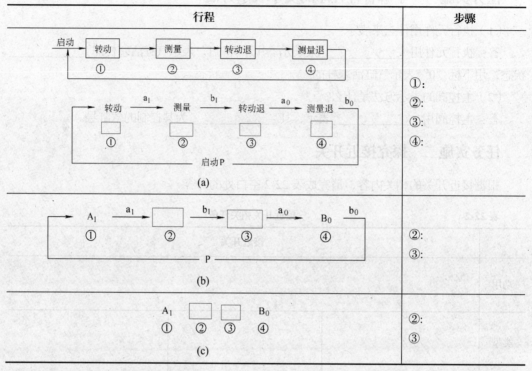	①: ②: ③: ④: ②: ③: ②: ③

任务实施五　绘制信号—动作状态图

画出表 22-5 中的动作状态线。

表 22-5　　　　　　　　　　　"X-D 图"相关任务

X-D（信号动作）组		程序				执行信号	
		A_1	B_1	A_0	B_0	单控	双控
		①	②	③	④		
1	$b_0(A_1)$ A_1						
2	$a_1(B_1)$ B_1						
3	$b_1(A_0)$ A_1						
4	$a_0(B_0)$ B_0						
备用格							

任务实施六　控制回路的设计

根据检查装置气动系统图，画出图 22-1 空白格处的元件。

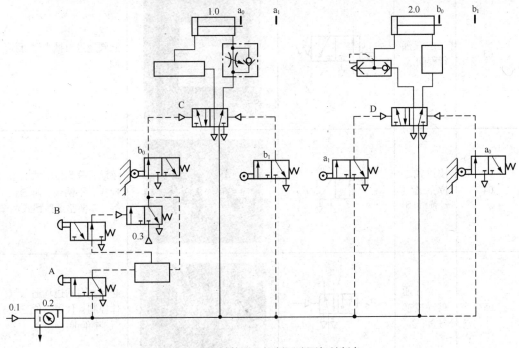

图 22-1　选料装置的控制回路图相关任务

任务实施七　组建选料装置控制回路

根据图 22-1 画出的气压原理简图完成试验：①准备气压元件，如表 22-6 所示；②用气管组建气压回路；③调试气压回路。

表 22-6　　　　　　　　　　　　实施选料装置控制回路

序号	名称	图形符号	本次实验元器件	备注
01	气动工作站（气泵、气源）			本实验空压机提供的空气压力为 0.8MPa 左右，冷却则采用风冷，实验完毕要求将供气阀门关闭
02	气动三联件			三联件中间的减压阀可减压，左侧为过滤器，右侧为油雾器（图中的油雾器缺油）

序号	名称	图形符号	本次实验元器件	备注
03	二位三通行程阀	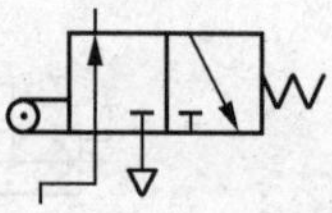		此阀通过机械力进行换向
04	按钮式二位三通气动换向阀	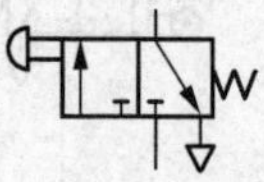	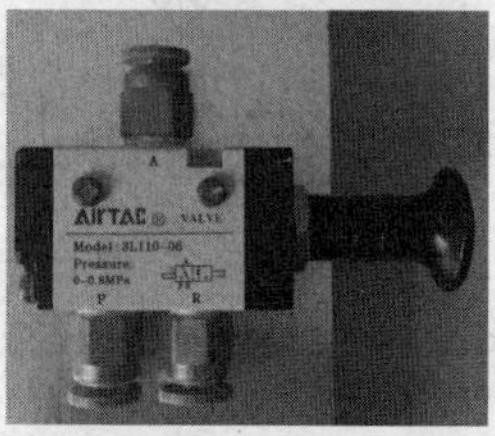	手动式分为按钮式、顶杆式、手柄式、脚踏式等，本实验选按钮式
05	二位五通双气控换向阀	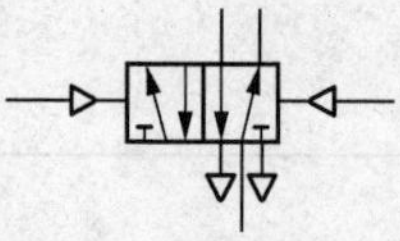	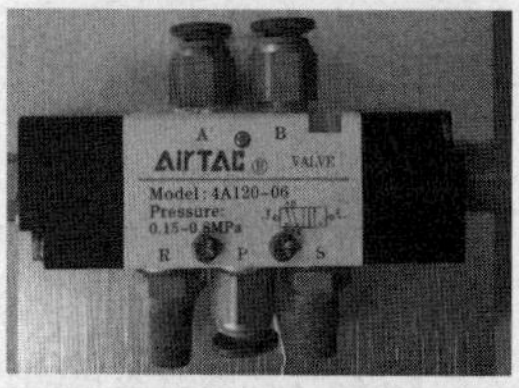	此阀左右两边均通入气体控制，代替二位三通气控换向阀
06	梭阀	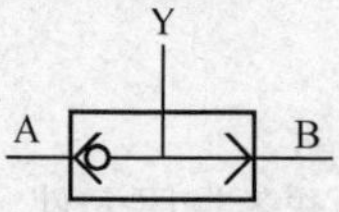		本实验选用 2 个梭阀，分别与 3 个双压阀两两相连
07	单向节流阀	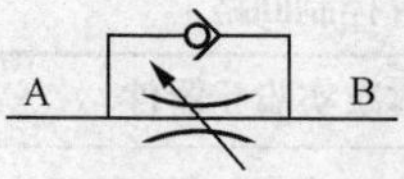	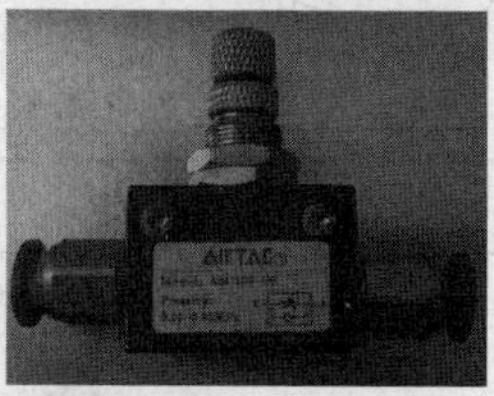	本实验选用单向节流阀是用来控制活塞杆的前伸速度
08	快速排气阀	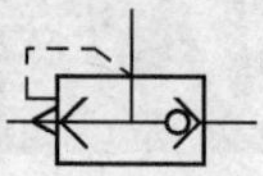		本实验用快速排气阀来加快活塞杆的回退速度
实验过程				
准备元件			组建调试回路	

实验过程

准备元件	组建调试回路

记录实验数据

操作步骤		阀 C	阀 D	缸 1.0	缸 2.0
初始		右位	右位	无动作	无动作
按下阀 A	碰撞 a_1				
	碰撞 b_1				

记录实验数据

操作步骤		阀 C	阀 D	缸 1.0	缸 2.0
初始		右位	右位	无动作	无动作
按下阀 B	碰撞 a_0				
	碰撞 b_0				

 任务考核

请对照任务考核表（见表22-7）评价完成任务结果。

表 22-7   任务考核

课程名称	液压与气动控制		任务名称		检测装置气动回路的装调		
学生姓名			工作小组				
评分内容		分值	自我评分	小组评分	教师评分	得分	原因分析
任务质量	了解行程程序的文字表示方法	5					
	简述接近开关的结构及工作原理	10					

续表

	评分内容	分值	自我评分	小组评分	教师评分	得分	原因分析
任务质量	正确识读和绘制控制回路原理图	10					
	分析检测装置气动回路的工作原理	15					
	正确连接检测装置气动回路	10					
	正确调试检测装置气动回路	10					
团结协作		10					
劳动态度		10					
安全意识		20					
权　重			20%	30%	50%		
总体评价	个人评语：						
	教师评语：						

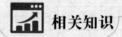

相关知识

相关知识一　行程程序控制

1. 行程程序控制方法

如图 22-2 所示，外部输入启动信号后，逻辑回路进行逻辑运算后，通过主控元件发出一个执行信号，推动第一个执行元件动作。动作完成后，执行元件在其行程终端触发第一个行程发信器，产生新的信号，再经逻辑控制回路进行逻辑运算后发出第二个执行信号，指挥第二个执行元件动作。依次不断地循环运行，直至控制任务完成切断启动指令为止。这是一个闭环控制系统。这种控制方法具有连锁作用，能使执行机构按预定的程序动作，故非常安全可靠，是气动自动化设备上使用最广泛的一种方法。

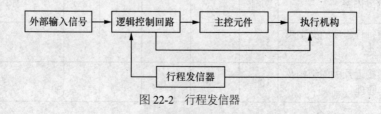

图 22-2　行程发信器

2. 行程程序的文字表示方法

在实际应用中常用文字符号来表示行程程序。

（1）执行元件的表示方法。用大写字母 A、B、C…表示执行元件，用下标"1"表示气缸活塞杆的伸出状态，用下标"0"表示气缸活塞杆的缩回状态。如 A_1 表示 A 缸活塞杆伸出，A_0 表示 A 缸活塞杆缩回。

（2）行程信号器（行程阀）的表示方法。用带下标的小写字母 a_1、a_0、b_1、b_0 等分别表示由 A_1、A_0、B_1、B_0 等动作触发的相对应的行程信号器（行程阀）及其输出的信号。如 a_1 是 A 缸活塞杆伸出到终端位置所触发的行程阀及其输出的信号。

（3）主控阀的表示方法。主控阀用 F 表示，其下标为其控制的气缸号。如 F_A 是控制 A 缸的主控阀。主控阀的输出信号与气缸的动作是一致的。如主控阀 F_A 的输出信号 A_1 有信号，即活塞杆伸出。

气缸与主控阀、行程信号器（行程阀）之间的关系及有关代号，如图 22-3 所示。

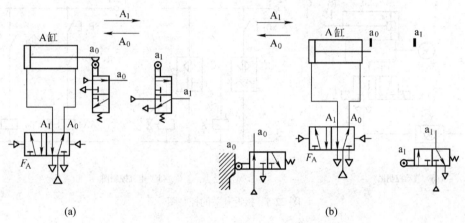

图 22-3　气缸与主控阀、行程阀之间的关系及有关代号图

相关知识二　接近开关的功用和分类

由于行程开关经常和机械装置踫撞，容易损坏，在实际应用中经常用接近开关来代替行程开关，这样可以避免机械踫撞而造成开关的损坏。

1. 接近开关的种类

接近开关的种类如图 22-4 所示。

2. 接近开关的选择

通常都选用电感式接近开关和电容式接近开关，因为这两种接近开关对环境的要求条件较低。

3. 接近开关的控制方法

用接近开关控制的分料装置，其中在 R_1、C_1 处分别安装了电感式接近开关和电容式接近开关，一般要求接近开关与活塞杆的距离应控制在 3mm 左右。

接近开关的控制图如 22-5 所示。

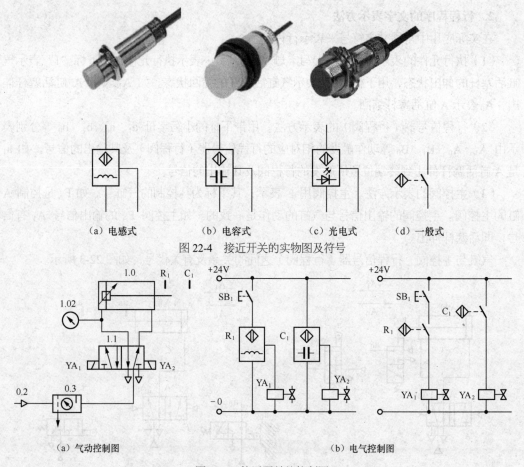

（a）电感式　　　（b）电容式　　　（c）光电式　　　（d）一般式

图 22-4　接近开关的实物图及符号

（a）气动控制图　　　　　　　　　　　　　　（b）电气控制图

图 22-5　接近开关的控制图

相关知识三　绘制检测装置气动系统的位移—步骤图

如图 22-6 所示，执行元件 A 表示转动气缸，执行元件 B 表示测量气缸。从位移—步骤图中可以清楚地看出两执行元件的运动状态。当 A 缸前伸时，测量气缸 B 保持不动；当 A 缸前进到位置时，发出一个信号 a_1 使 B 缸前伸，而 A 缸保持伸出状态；当 B 缸前伸到位置后，发出一个信号 b_1 使 A 缸回缩，而 B 缸保持伸出状态；当 A 缸回到原位后，发出一个信号 a_0 使 B 缸回到原始位置并得到一个控制信号 b_0，以准备下一个循环。

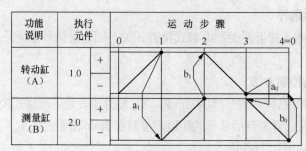

图 22-6　检测装置气动系统位移—步骤图

相关知识四 绘制行程程序框图

1. 程序框图

程序框图就是用每一个方框表示一个动作或一个行程。如检测装置的程序框图，从位移—步骤图中的分析，其动作次序用图 22-7 所示的程序框图表示。

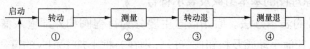

2. 程序框图的简化

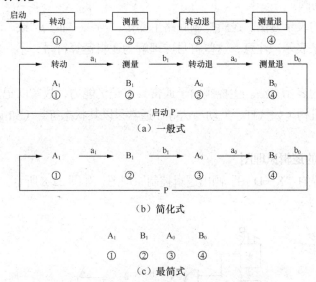

（a）一般式

（b）简化式

（c）最简式

图 22-7 检测装置气动系统行程程序框图

相关知识五 绘制信号—动作状态图

1. 绘制"X—D图"的方格图

完成表 22-8 的绘制。

表 22-8

X-D 图

X-D (信号动作) 组		程序				执行信号	
		A_1	B_1	A_0	B_0	单控	双控
		①	②	③	④		
1	$b_0(A_1)$ A_1						
2	$a_1(B_1)$ B_1						
3	$b_1(A_0)$ A_1						
4	$a_0(B_0)$ B_0						
备用格							

注：O 表示起点，×表示终点

2. 画动作状态线

绘制好"X—D 图"的方格图后，接着画动作状态线。

相关知识六　绘制气动逻辑原理图

1. 气动逻辑原理图的基本组成及表示符号

（1）原始信号的表示方法。原始信号主要分为行程阀和外部输入信号。这些信号符号要加上方框，而对其他手动阀及控钮阀等应分别在方框上加上相应的符号来表示，如标有 g 表示其为手动启动阀。

（2）原理图的表示方法。逻辑控制回路主要是"与"、"非"、"或"、"记忆"等逻辑功能，用相应符号来表示。注意，这些符号应理解为逻辑运算符号，不一定就代表一个确定的元件。

（3）主控阀的表示方法。主控阀由于通常具有记忆能力，故常以记忆元件的逻辑符号来表示，而执行机构（如气缸、气动马达等）通常只以其状态符号（如 A_0、A_1）表示与主控阀相连。

2. 检测装置的逻辑原理图

根据检测装置的"X—D 图"画出逻辑控制原理图，如图 22-8 所示。

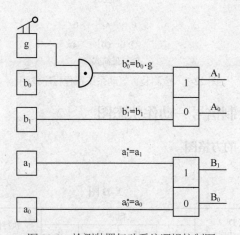

图 22-8　检测装置气动系统逻辑控制图

相关知识七　控制回路的设计

1. 纯气动控制回路的设计

有了"X—D 图"后，可以把执行元件、主控阀以及其他控制元件按"X—D 图"所示的关系连接出来，如图 22-9 所示。

2. 电—气综合控制回路的设计

电—气综合控制回路图如图 22-10 所示。

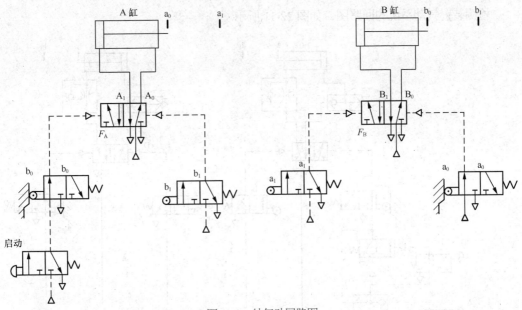

图 22-9 纯气动回路图

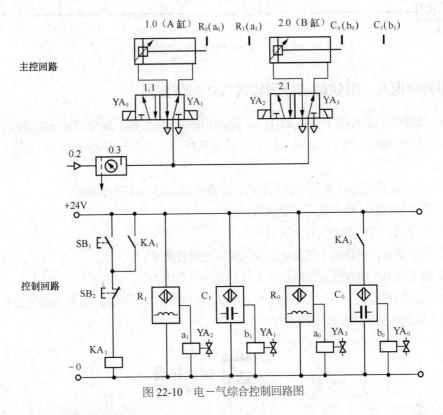

图 22-10 电—气综合控制回路图

3. 纯气动控制回路的完善

用单向节流阀控制活塞杆的前伸速度，用快速排气阀来加快活塞杆的回退速度，并用自锁控制的方法来控制活塞的运动和停止。

检测装置气动系统的回路图，如图 22-11 所示。

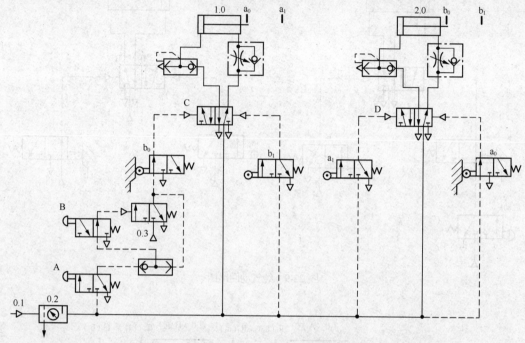

图 22-11　检测装置气动系统回路图

相关知识八　组建调试检测装置气动回路步骤

（1）参照回路原理图（见图 22-11），找出所需的气压元件，逐个安装到实验台上。

（2）参照回路原理图（见图 22-11），将安装好的元件用气管进行正确的连接，并与泵站相连。

（3）全部连接完毕由老师检查无误后，接通电源，对回路进行调试：

① 启动泵站前，检查减压阀是否打开；

② 启动泵，观察两个气缸有无伸出；

③ 按下阀 A，观察两个气缸的运动过程并记录在表中；

④ 按下阀 B，观察气动回路的变化并记录在下表中。

（4）实验完毕后，停止气泵工作。经确认回路中压力为零后，取下连接气管和元件，归类放入规定的抽屉中或规定的地方。

知识拓展

知识拓展一　控制系统的分类

控制系统的分类如表 22-9 所示。

表 22-9	控制系统的分类
分类依据	**控制系统名称**
按控制形式分	直接控制、记忆控制、程序控制（时序控制、行程控制、顺序控制）
按信号类型分	模拟控制、数字控制、二位控制
按信号处理方式分	同步控制、异步控制、逻辑控制、序控制（时序控制、过程控制）

在本任务气动回路设计中采用的方法属于程序控制中的行程控制。

知识拓展二 气动程序控制系统的组成

气动程序控制系统的组成如图 22-12 所示。

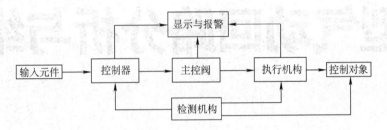

图 22-12 气动程序控制系统的组成

典型任务七
典型气动回路分析与维护

任务23
颜料调色振动机气动系统分析

◆ **本任务学习目标**

1. 掌握气动系统分析的基本要求及方法和气动系统各部分的工作特点。

2. 能对气动系统进行优化及合理化的改进。

◆ **本任务建议课时**

4学时

◆ **本任务工作流程**

1. 导入新课。

2. 检查讲评学生完成导读工作页的情况。

3. 对照课件进行识别作业示范，介绍颜料调色振动机的结构及工作原理。

4. 学生识别作业实习。

5. 巡回指导学生实习。

6. 结合回路实物及资料，进行理论讲解。

7. 学生"拓展问题"讨论。

8. 本任务学习测试。

9. 测试结束后，学生填写活动评价表。

10. 小结学生学习情况。

◆ **本任务所需器材**

1. 设备：电气气压试验台。

2. 气压元件：气源装置、气动三联件、梭阀、延时阀、换向阀3个。

3. 气压辅件：气管多根。

课前导读

请完成表23-1中的内容。

表 23-1   课前导读

序号	实施内容	答案选择		
01	用于控制颜料调色振动机的振动时间的元件为哪个	延时阀□	梭阀□	3/2 气控阀□
02	用于控制气缸的伸出和缩回的元件为哪个	阀 1.1□	阀 1.2□	阀 1.3□
03	阀 1.3 和阀 1.6 是什么	行程阀□	溢流阀□	
04	用哪种阀可以改变颜料桶振动频率	行程阀□	节流阀□	压力调节阀□
05	用哪种气缸可以减小活塞对气缸两端产生的冲击力	双向缓冲气缸□	普通气缸□	
06	活塞杆前伸后一直在行程阀 1.3 和阀 1.6 之间往复运动，气缸就实现振动动作	对□	错□	
07	到达到调定的时间后，延时阀 1.7 输出压缩空气，活塞杆回到初始位置	对□	错□	
08	延时阀的实物图是哪个	 □	□	
09	切断行程阀 1.3 和阀 1.6 的气源，使主控阀的左位没有控制信号，而保持右位接入系统，活塞杆回到初始位置	对□	错□	
10	延时阀的图形符号是哪个	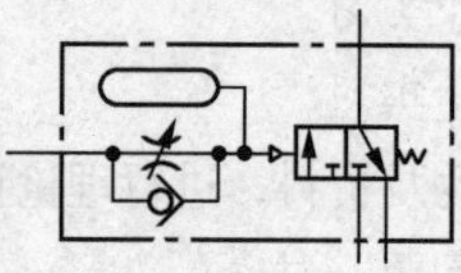 □	□	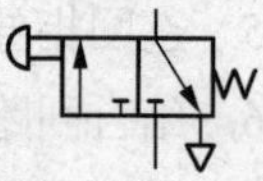
11	缓冲气缸的图形符号是哪个	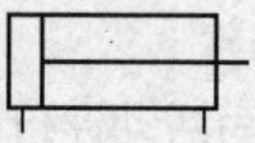 □	□	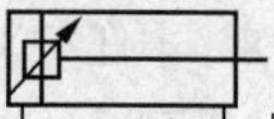
12	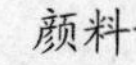 此图形符号表示的是什么	行程阀 □	带消声器节流阀□	

情景描述

颜料调色振动机如右图所示。当把各种颜料倒入颜料桶内后，调节好定时旋钮的时间，按下启动按钮，颜料桶在气缸的作用下，在调定的时间内振动，把桶内的各种颜料调匀，产生新颜色的颜料。请根据回路图，对其该系统进行分析，对其不合理之处进行改进。

颜料调色振动气动控制回路图，如图 23-1 所示。

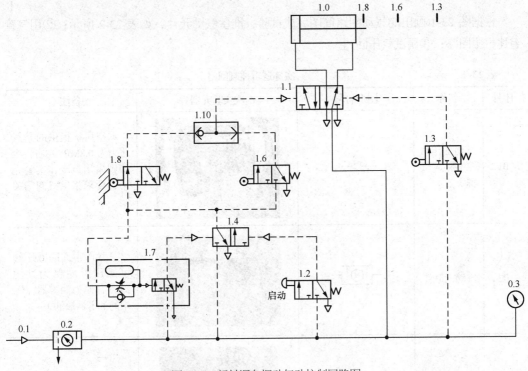

图 23-1　颜料调色振动气动控制回路图

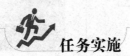

任务实施

任务实施一　分析颜料调色振动机气动系统

（1）图 23-1 所示的延时阀 1.7 与 3/2 双气控阀组合的作用是什么？

答：延时阀 1.7 与 3/2 双气控阀组合用于＿＿＿＿＿＿＿＿＿＿。

（2）图 23-1 所示的调节延时阀 1.7 的作用是什么?

答：调节延时阀 1.7 用于控制＿＿＿＿＿＿＿＿，从而控制颜料调色振动机振动的时间长短。

任务实施二　气动系统的改进

（1）颜料桶振动频率的如何改进？

答：改变颜料桶振动频率可以通过改变＿＿＿＿＿＿＿＿＿和＿＿＿＿＿＿＿＿。

（2）如何改进气缸?

答：采用＿＿＿＿＿＿＿来代替普通气缸，减小活塞对气缸两端产生的冲击力。

任务实施三　组建颜料调色振动气动控制回路

根据图 23-1 画出的气动回路简图完成试验：准备气动元件，如表 23-2 所示；②用气管组建气压回路；③调试气压回路。

表 23-2　　　　　　　　　　　　　　实施逻辑控制回路

序号	名称	图形符号	本次实验元器件	备注
01	气动工作站（气泵、气源）	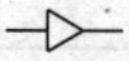		本空压机提供的空气压力为 0.8MPa 左右，冷却则采用风冷，实验完毕，要求将供气阀门关闭
02	气动三联件	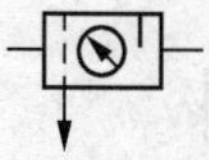	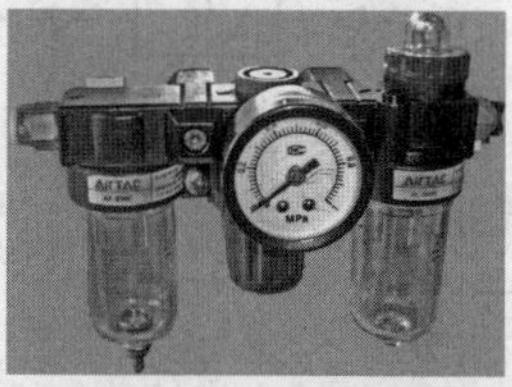	三联件中间的减压阀可减压，左侧为过滤器，右侧为油雾器（图中的油雾器缺油）
03	二位三通行程阀	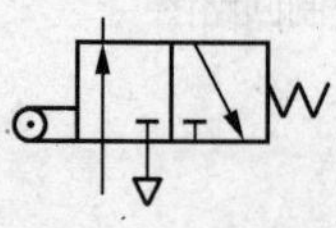		此阀通过机械力进行换向
04	按钮式二位三通气动换向阀	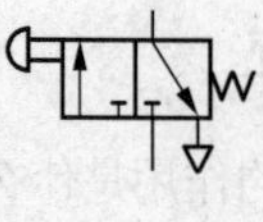	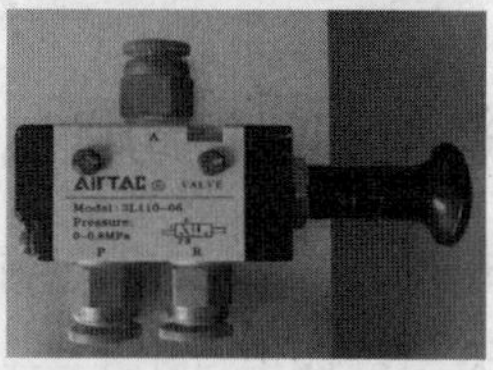	手动式分为按钮式、顶杆式、手柄式、脚踏式等，本实验选按钮式
05	二位五通双气控换向阀	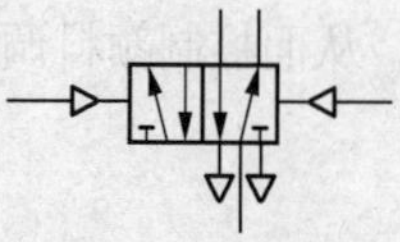	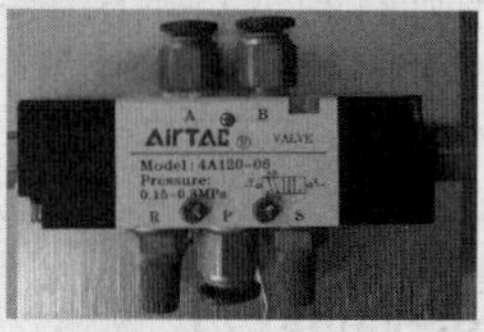	此阀左右两边均通入气体控制
06	延时阀	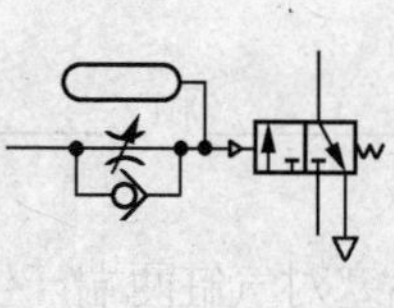	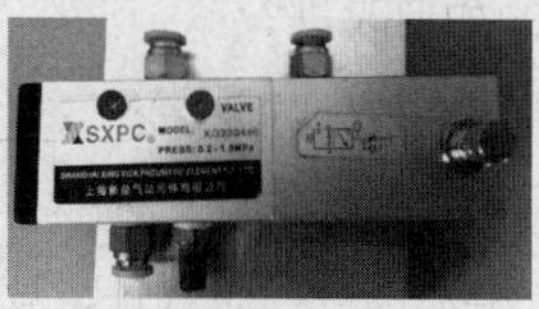	用于控制颜料振动机的振动时间。调节延时阀中节流口的大小，可以控制输出信号的时间，从而控制振动机振动的时间长短

序号	名称	图形符号	本次实验元器件	备注
07	梭阀	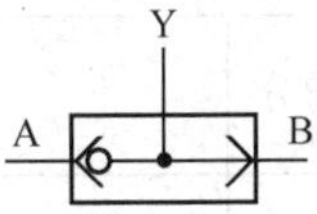		或阀 1.10 把行程阀 1.6 和 1.8 组成一个控制信号，以控制气缸的伸出。只要行程阀 1.6 和 1.8 中任何一个阀有信号输出，就会使气缸前伸
08	双作用单杆缸	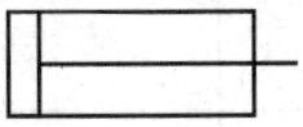	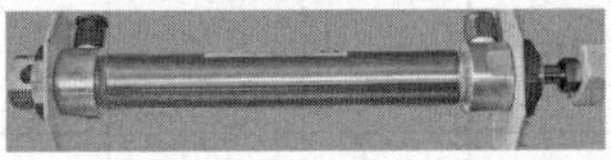	若两边都有杆伸出则为双杆缸

实验过程

准备元件	组建调试回路

记录实验数据

操作步骤	阀 1.4	阀 1.1	缸
按下阀 1.2	右位	左位	伸出
碰撞阀 1.3			
碰撞阀 1.6			
延时阀 1.7 开启			

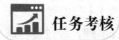 任务考核

请对照任务考核表（见表 23-3）评价完成任务结果。

任务23 颜料调色振动机气动系统分析

表 23-3 任务考核

课程名称	液压与气动控制			任务名称		颜料调色振动机气动系统分析	
学生姓名				工作小组			
评分内容		分值	自我评分	小组评分	教师评分	得分	原因分析
任务质量	简述颜料调色振动机的工作原理	10					
	简述气动系统的改进	10					
	正确连接颜料调色振动机回路	20					
	正确调试颜料调色振动机回路	20					
团结协作		10					
劳动态度		10					
安全意识		20					
权　重			20%	30%	50%		
总体评价	个人评语：						
	教师评语：						

相关知识

相关知识一　颜料调色振动机气动控制回路分析

1. 分析系统

颜料调色振动机气动控制回路（见图 23-1）的分析。

初始状态：主控阀 1.1 右位接通，气缸 1.0 处于回缩的状态，活塞杆压下行程阀 1.8，3/2 双气控阀 1.4 处于左位接通。

工作状态：按下启动按钮，阀 1.4 右位接入系统，压缩空气经阀 1.8 和或阀 1.10 使主控阀 1.1 左位接系统，气缸的活塞杆前伸，经过行程阀 1.6 运动状态不变。同时压缩空气也进入延时阀 1.7，而阀 1.8、1.6 在弹簧力的作用下恢复左位接入系统。当活塞杆压下行程阀 1.3，主控阀 1.1 右位接入系统，压缩空气进入气缸的右腔，活塞杆回缩，同时在弹簧力的作用下，行程阀 1.3 复位。当活塞杆压下行程阀 1.6，主控阀 1.1 左位接入系统，压缩空气进入气缸的左腔，活塞杆前伸，同时在弹簧力的作用下，行程阀 1.6 复位。这样，活塞杆就一直在行程阀 1.3 和行程阀 1.6 之间往复运动，直到达到调定的时间后，延时阀 1.7 输出压缩空气，使 3/2 双气控阀 1.4 左位接入系统，切断行程阀 1.3 和 1.6 的气源，使主控阀的左位没有控制信号，而保持右位接入系统，活塞杆回到初始位置。

2. 绘制执行元件的时间—位移—步骤图

依据工作要求绘制执行元件的时间－位移－步骤图，如图 23-2 所示。

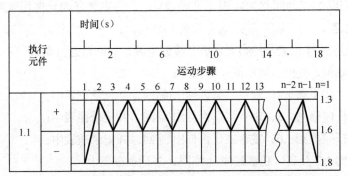

图 23-2　颜料桶振动气动执行元件时间—位移—步骤图

从图中可以看出，活塞杆前伸后一直在行程阀 1.3 和 1.6 之间往复运动，气缸就实现振动动作，大约 15s 后，回到初始状态，停止振动。

相关知识二　系统回路的改进

1. 颜料桶振动频率的改进

颜料桶振动频率的改进方法如图 23-3 所示。

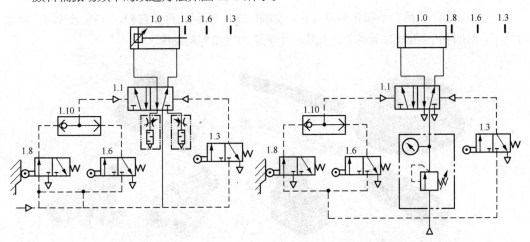

（a）用节流阀调节振动频率　　　　　（b）用压力调节阀调节振动频率
图 23-3　颜料桶振动频率的改进方法

如图 23-3（a）所示，在主阀 1.1 前加带消声器的节流阀，用于控制进入缸的流量，从而控制活塞杆伸出或缩回的速度，那么也就改变了颜料桶的振动频率。图 23-3（b）加入了减压阀，调节原理跟节流阀是一样的。

2. 执行气缸的改进

采用双向可调式缓冲气缸来代替普通气缸，减小活塞对气缸两端产生的冲击力。

相关知识三　　组建颜料调色振动机气动回路步骤

（1）参照回路的气动回路原理（见图 23-1），找出所需的气压元件，逐个安装到实验台上。

（2）参照回路的气动回路实施表（见表 23-1），将安装好的元件用气管进行正确的连接，并与泵站相连。

（3）全部连接完毕由老师检查无误后，接通电源，对回路进行调试：

① 启动泵站前，先检查减压阀是否打开；

② 启动泵，按下阀 1.2，观察缸是否伸出/缩回，并记录在表中；

③ 当活塞杆碰撞阀 1.3，观察缸是否伸出/缩回，并记录在表中；

④ 当活塞杆碰撞阀 1.6，观察缸是否伸出/缩回，并记录在表中；

⑤ 当延时阀 1.7 开启，观察缸伸出/缩回，并记录在表中。

（4）实验完毕后，应先停止气泵工作，经确认回路中压力为零后，取下连接气管和元件，归类放入规定的抽屉中或规定的地方。

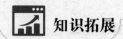

知识拓展

知识拓展　　管子与管接头

管道连接件包括管子和各种管接头，如图 23-4 所示。有了它们，才能把气动控制元件、气动执行元件及辅助元件等连接成一个完整的气动控制系统。

图 23-4　管道连接件实物图

任务24
压印装置控制系统
维护与故障诊断

◆ **本任务学习目标**

1. 介绍气动系统常见故障及排除方法。

2. 介绍气动系统日常维护的内容。

3. 介绍气动系统故障分析的方法。

4. 介绍逻辑框图的分析与绘制方法。

◆ **本任务建议课时**

4学时

◆ **本任务工作流程**

1. 导入新课。

2. 检查学生完成导读工作页的情况。

3. 对照课件，进行识别作业示范，介绍压印装置控制系统维护与故障诊断。

4. 学生识别作业实习。

5. 巡回指导学生实习。

6. 结合回路实物及资料，进行理论讲解。

7. 学生"拓展问题"讨论。

8. 本任务学习测试。

9. 测试结束后，学生填写活动评价表。

10. 小结学生学习情况。

◆ **本任务所需器材**

1. 设备：电气气压试验台。

2. 气压元件：气源装置、气动三联件、双压阀、延时阀、换向阀3个。

3. 气压辅件：气管多根，压力表。

课前导读

请完成表24-1中的内容。

表 24-1   课前导读

序号	实施内容	答案选择
01	气动系统经常性维护工作内容是什么	冷凝水排放□　　检查润滑油□　　空压机系统的管理□
02	气动系统每季度的维护工作内容是什么	检查润滑油□　　自动排水器□　　压力表□
03	电磁阀的维护内容是什么	检查电磁线圈的温升□ 阀的切换动作是否正常□
04	干燥器的维护内容是什么	冷凝压力有无变化□ 冷凝水排出口温度的变化情况□
05	气动系统的故障诊断方法中经验法包括哪些	望□　　　　闻□　　　　问□　　　　切□
06	气动系统故障分为哪些	初期故障□　　　　　　　中期故障□ 突发故障□　　　　　　　老化故障□
07	气缸缓冲效果不良的原因是什么	缓冲密封圈磨损□　　　　调节螺钉损坏□ 气缸速度太快□　　　　　供气流量不足□
08	当气缸活塞被卡住、活塞配合面有缺陷时应该如何排除此故障	更换密封圈□　　　　　　　　检查油雾器是否失灵□ 重新安装调整，使活塞杆不受偏心和横向负荷□
09	调压阀的压力调不高的原因是什么	调压弹簧断裂□　　　　膜片破裂□ 膜片有效受压面积与调压弹簧设计不合理□
10	当调压阀的弹簧断裂时应如何排除故障	更换弹簧□　　更换膜片□　　重新加工设计□
11	当安全阀产生振动的原因是什么	压力低□　　　电压低□　　　弹簧卡住或损坏□
12	当方向阀不能换向的原因是什么	润滑不良，滑动阻力和始动摩擦力大□ 密封圈压缩量大，或膨胀变形□ 尘埃或油污等被卡在滑动部分或阀座上□ 弹簧卡住或损坏□ 控制活塞面积偏小，操作力不够□

📈 情景描述

　　下图的压印装置的工作过程为：当踏下启动按钮后，打印气缸伸出对工件进行打印。从第二次开始，每次打印都延时一段时间，等操作者把工件放好后，才对工件进行打印。如果发现当踏下启动按钮后，气缸不工作，应如何查寻系统的故障点并排除故障？另外，平时应该怎样维护压印装置的气动系统？

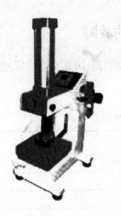
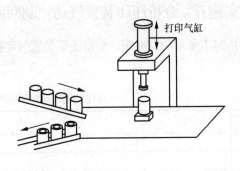

打印气缸

任务实施

任务实施一　了解气动系统的日常维护保养

（1）气动系统经常性维护工作的内容是什么？

答：气动系统经常性维护工作的内容是_____、_____和_____。

（2）气动系统定期性维护工作的元件是什么？

答：气动系统定期性维护工作的元件是_____、_____、_____、

_____、_____、_____、_____、_____、

_____、_____、_____和_____。

任务实施二　了解气动系统的故障诊断方法

气动系统的故障诊断方法是什么？

答：气动系统的故障诊断方法是_____和_____。

任务实施三　了解气动系统故障的种类

气动系统的故障种类有哪些？

答：气动系统的故障种类包括_____、_____和_____。

任务实施四　了解气动系统常见故障及排除方法

（1）气缸常见的故障是什么？

答：气缸常见的故障是_____、_____、_____

和_____。

（2）调压阀常见的故障是什么？

答：调压阀常见的故障是_____、_____、_____和_____。

（3）方向阀常见的故障是什么？

答：方向阀常见的故障是_____、_____和_____。

任务实施五　分析压印装置气动控制回路的故障

根据图 24-1 所示的方框图，分析压印装置气动控制回路中的故障，完成表 24-2 空白处的填写。

表 24-2　压印装置气动控制回路的故障分析

序　号	内　容
01	
02	
03	
04	
05	
06	

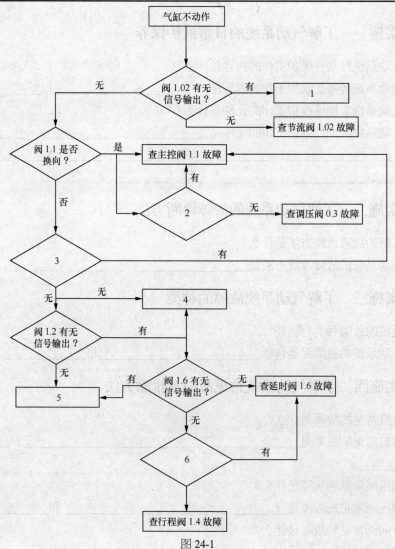

图 24-1

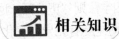

任务考核

请对照任务考核表（见表24-3）评价完成任务结果。

表24-3　　　　　　　　　　　任务考核

课程名称	液压与气动控制			任务名称	压印装置控制系统维护与故障诊断		
学生姓名				工作小组			
评分内容		分值	自我评分	小组评分	教师评分	得分	
任务质量	简述气动系统的日常维护保养	10					
	简述气动系统的故障诊断方法	10					
	简述气动系统的故障种类	10					
	分析压印装置控制回路的故障	30					
团结协作		10					
劳动态度		10					
安全意识		20					
权重			20%	30%	50%		
总体评价	个人评语：						
	教师评语：						

相关知识

相关知识一　气动系统的日常维护保养

1. 经常性维护工作的内容

日常维护的主要内容是：冷凝水排放、检查润滑油和空压机系统的管理。

冷凝水排放遍及整个气动系统，从空压机、后冷却器、储气罐、管道系统直到各处空气过滤器、干燥器和自动排水器等。在每天工作结束后，应将各处冷凝水排放掉，以防夜间温度低于0℃，导致冷凝水结冰。

在气动装置运转时，每天应检查一次油雾器的滴油量是否符合要求，油色是否正常，即油中不要混入灰尘和水分等。

空压机系统的日常管理工作是：是否向后冷却器供给冷却水，空压机有否有异常声音和异常发热，润滑油位是否正常。

2. 定期性维护工作的内容

每季度的维护工作如表 24-4 所示。

表 24-4　　　　　　　　　　　　　　每季度的维护工作

元　件	维护内容
自动排水器	能否自动排水、手动操作装置能否正常工作
过滤器	过滤器两侧压差是否超过允许压降
减压阀	旋转手柄、压力可否调节；当系统压力为零时，观察压力表的指针能否回零
压力表	观察各处压力表指示值是否在规定范围内
安全阀	使压力高于设定压力，观察安全阀能否溢流
压力开关	在最高和最低的设定压力，观察压力开关能否正常接通和断开
换向阀的排气口	检查油雾喷出量，无冷凝水排出，有无漏气
电磁阀	检查电磁线圈的温升，阀的切换动作是否正常
速度控制阀	调节节流阀开度，能否对气缸进行速度控制或对其他元件进行流量控制
气缸	检查气缸运动是否平稳，速度及循环周期有无明显变化，安装螺钉、螺母、拉杆有无松动，气缸安装架有无松动和异常变形，活塞杆连接有无松动，活塞杆部位有无漏气，活塞杆表面有无锈蚀、划伤和偏磨，端部是否出现冲击现象、行程中有无异常，磁性开关动作位置有无偏移
空压机	进口过滤器网眼有否堵塞
干燥器	冷凝压力有无变化、冷凝水排出口温度的变化情况

相关知识二　气动系统的故障诊断方法

1. 经验法

经验法指依靠实际经验，并借助简单的仪表诊断故障发生的部位，找出故障原因的方法。经验法可按中医诊断病人的四字法则"望、闻、问、切"进行。

（1）望：如看执行元件的运动速度有无异常变化；各测压点的压力表显示的压力是否符合要求，有无大的波动；润滑油的质量相滴油量是否符合要求；冷凝水能否正常排出；换向阀排气口排出空气是否干净；电磁阀的指示灯显示是否正常；紧固螺钉及管接头有无松动；管道有无扭曲和压扁；有无明显振动存在；加工质量有无变化；等等。

（2）闻：包括耳闻和鼻闻，如气缸 A 换向阀换向时有无异常声音；系统停止工作但尚未泄压时，各处有无漏气，漏气声音及其大小以及每天的变化状况；电磁线圈和密封固有元过热而发出特殊气味；等等。

（3）问：即查阅气动系统的技术档案，了解系统的工作程序、运行要求及主要技术参数；查阅产品样本，了解每个元件的作用、结构、功能和性能；查阅维护检查记录，了解日常维护保养工作情况；访问现场操作人员，了解设备运行情况，了解故障发生前的症兆及故障发生时的状况，了解曾经出现过的故障及其排除方法。

（4）切：如触摸相对运动件的外部温度、电磁线圈的温升等。感觉烫手应查明原因。气缸、管道有无振动感，气缸有无爬行，各接头元件连接处有无漏气。

2. 推理分析法

推理分析法是利用逻辑推理、步步逼近，寻找出故障真实原因的方法。

相关知识三　气动系统故障的种类

由于故障发生的时期不同，故障的内容和原因也不同。因此，可将故障分为初期故障、突发故障和老化故障。

1. 初期故障

在调试阶段和开始运转的 2～3 个月内发生的故障称为初期故障。其产生的原因主要有零件毛刺没有清除干净，装配不合理或误差较大，零件制造误差或设计不当。

2. 突发故障

系统在稳定运行时期内突然发生的故障称为突发故障。例如，油杯和水杯都是用聚碳酸酯材料制成的，如它们在有机溶剂的雾气中工作，就有可能突然破裂；空气或管路中，残留的杂质混入元件内部，突然使相对运动件卡死；弹簧突然折断、软管突然爆裂、电磁线圈突然烧毁；突然停电造成回路误动作；等等。

3. 老化故障

个别或少数元件达到使用寿命后发生的故障称为老化故障。参照系统中各元件的生产日期、开始使用日期、使用的频繁程度，以及已经出现的某些征兆，如声音反常、泄漏越来越严重，可以大致预测老化故障的发生期限。

相关知识四　气动系统常见故障及排除方法

气缸常见故障及排除方法如表 24-5 所示。

表 24-5　　　　　　　　　　　　气缸常见故障及排除方法

故障		原因分析	排除方法
外泄漏	活塞杆端漏气	活塞杆安装偏心 润滑油供油不足 活塞杆密封圈磨损 活塞杆轴承配合有杂质 活塞杆有伤痕	重新安装调整，使活塞杆不受偏心和横向负荷 检查油雾器是否失灵 更换密封圈 清洗除去杂质，安装更换防尘罩 更换活塞杆
	缸筒与缸盖间漏气	密封圈损坏	更换密封圈
	缓冲调节处漏气	密封圈损坏	更换密封圈
内泄漏	活塞两端串气	活塞密封圈损坏 润滑不良 活塞被卡住、活塞配合面有缺陷 杂质挤入密封面	更换密封圈 检查油雾器是否失灵 重新安装调整，使活塞杆不受偏心和横向负荷 除去杂质，采用净化压缩空气

续表

故障		原因分析	排除方法
输出力不足 动作不平稳		润滑不良 活塞或活塞杆卡住 供气流量不足 有冷凝水杂质	检查油雾器是否失灵 重新安装调整，消除偏心横向负荷 加大连接或管接头口径 注意用净化、干燥的压缩空气，防止水凝结
缓冲效果不良		缓冲密封圈磨损 调节螺钉损坏 气缸速度太快	更换密封圈 更换调节螺钉 注意缓冲机构是否合适
损伤	活塞杆损坏	有偏心横向负荷 活塞杆受冲击负荷 气缸速度太快	消除偏心横向负荷 冲击不能加在活塞杆上 设置缓冲装置
	缸盖损坏	缓冲机构不起作用	在外部回路中设置缓冲机构

调压阀常见故障及排除方法如表 24-6 所示。

表 24-6 调压阀常见故障及排除方法

常见故障	原因分析	排除方法
平衡状态下，空气从溢流口溢出	进气阀和溢流阀座有尘埃 阀杆顶端和溢流阀座之间密封漏气 阀杆顶端和溢流阀之间研配质量不好 膜片破裂	取下清洗 更换密封圈 重新研配或更换 更换膜片
压力调不高	调压弹簧断裂 膜片破裂 膜片有效受压面积与调压弹簧设计不合理	更换弹簧 更换膜片 重新加工设计
调压时压力爬行，升高缓慢	过滤网堵塞 下部密封圈阻力过大	拆下清洗 更换密封圈
出口压发生激烈波动或不均匀变化	阀杆或进气阀芯上的 O 形圈表面损伤 进气阀芯与阀座之间导向接触不好	更换 O 形密封圈 整修或更换阀芯

方向阀常见故障及排除方法如表 24-7 所示。

表 24-7 方向阀常见故障及排除方法

常见故障	原因分析	排除方法
安全阀不能换向	润滑不良、滑动阻力和始动摩擦力大 密封圈压缩量大或膨胀变形 尘埃或油污等被卡在滑动部分或阀座上 弹簧卡住或损坏 控制活塞面积偏小，操作力不够	改善润滑 适当减小密封圈压缩量，改进配方 清除尘埃或油污 重新装配或更换弹簧 增大活塞面积和操作力

常见故障	原因分析	排除方法
安全阀泄漏	密封圈压缩量过小或有损伤 阀杆或阀座有损伤 铸件有缩孔	适当增大压缩或更换受损坏的密封件 更换阀杆或阀座 更换铸件
安全阀产生振动	压力低 电压低	提高先导操作压力 提高电源电压或改变线圈参数

相关知识五　分析压印装置控制系统常见故障及排除方法

1. 压印装置气动控制原理图的分析

压印装置气动控制原理如图 24-2 所示。

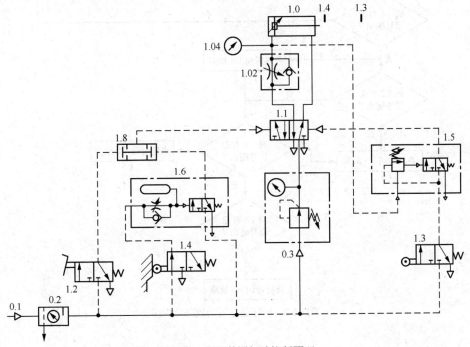

图 24-2　压印装置气动控制原理

当踏下启动按钮后，由于延时阀 1.6 已有输出，因此，双压阀 1.8 有压缩空气输出，使主控阀 1.1 换向，压缩空气经主控阀的左位再经单向节流阀 1.02 进入气缸的左腔，使气缸 1.0 伸出。

如上述故障原因所述，踏下启动按钮气缸不动作，该故障有可能产生的元器件为气缸 1.0、单向节流阀 1.02、主控阀 1.1、压力控制阀 0.3、双压阀 1.8、延时阀 1.6、行程阀 1.4 及启动按钮 1.2。

2. 绘制故障诊断逻辑推理框图

压印装置气动故障分析如图 24-3 所示。

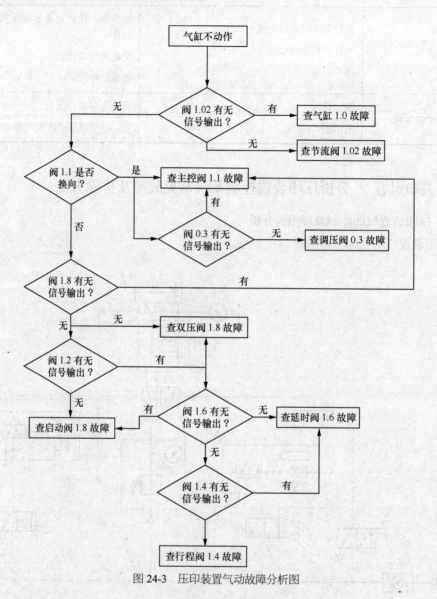

图 24-3 压印装置气动故障分析图

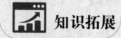 知识拓展

知识拓展 切割机的气动故障分析

图 24-4 所示为某切割机的气动控制回路图。当按下按钮后气缸 2.0 不动作，写出该故障的逻辑推理框图。

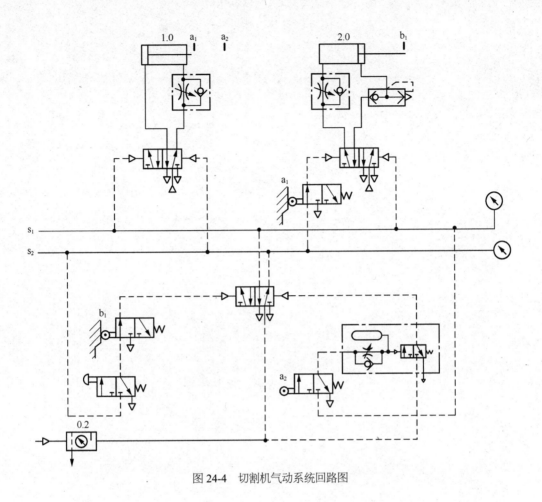

图 24-4 切割机气动系统回路图